U0332859

"舌尖上的云南"饮食文化系列丛书

岁月的味道

非物质文化遗产名录中的云南饮食

云南出版集团

云南人民出版社

丁建明 著

图书在版编目（CIP）数据

岁月的味道：非物质文化遗产项目名录中的云南饮食 / 丁建明著. -- 昆明：云南人民出版社, 2018.6
ISBN 978-7-222-17237-1

Ⅰ.①岁… Ⅱ.①丁… Ⅲ.①饮食 - 文化 - 云南
Ⅳ.①TS971.202.74

中国版本图书馆CIP数据核字(2018)第102844号

责任编辑： 任梦鹰　范晓芬
责任印制： 代隆参

书　　名	岁月的味道
	——非物质文化遗产项目名录中的云南饮食
作　　者	丁建明
出　　版	云南出版集团　云南人民出版社
发　　行	云南人民出版社
社　　址	昆明市环城西路609号
邮　　编	650034
网　　址	www.ynpph.com.cn
E-mail	ynrms@sina.com
开　　本	889mm×1194mm　1/16
字　　数	310千
印　　张	21.25
版　　次	2018年6月第1版第1次印刷
印　　刷	昆明精妙印务有限公司
书　　号	ISBN 978-7-222-17237-1
定　　价	88.00元

如有图书质量及相关问题请与我社联系
审校部电话：0871-64164626　印制科电话：0871-64191534

云南人民出版社公众微信号

文化是饮食的最高境界

杨艾军

这是一本好"吃"又好看的书。"好吃",是书中收入的云南饮食,都是有着历史积淀和传承,经州(市)以上人民政府批准公布的"非物质文化遗产"项目;"好看",是全书有500多幅精彩图片,除"非遗"项目外,还有与之相关的人文、民俗照片,图文并茂,不仅对读者有着很强的吸引力,也为我们提供了许多珍贵的影像资料。

美国前国务卿希拉里·克林顿说"食物是培养关系的最古老的外交工具"。人类为了生存,首先要满足吃喝的需要,人们吃喝什么,怎么吃喝,吃喝的目的、吃喝的效果、吃喝的观念、吃喝的情趣、吃喝的礼仪等饮食现象,都属于餐饮文化范畴,它贯穿于人类的整个发展历程,渗透企业经营和饮食活动的全过程,体现在人类活动的各个方面、各个环节之中。

非物质文化遗产,是指各族人民世代相传并视为其文化遗产组成部分的各种传统文化表现形式,以及与传统文化表现形式相关的实物和场所。2009年,云南省人民政府印发的《关于促进餐饮业发展的意见》第二十八条提出:"推进经典滇菜非物质文化遗产保护工作。鼓励餐饮业和行业协会就经典云南地方代表菜品制作工艺等进行非物质文化遗产的申报。"2015年末,省人民政府办公厅印发《"舌尖上的云南"行动计划》,其第三条提出:"建立经典滇菜非物质文化遗产名录项目体系。依托行业协会、大专院校和科研机构，开展对符合国家、省、州市级非遗标准饮食类项目的普查和申报保护工作，以原产地保护和商标保护为核心，加大对经典滇菜非物质文化遗产项目的培育发展和保护工作"的要求。作为省政府这两个重要文件的主体实施单位，省餐饮与美食行业协会早就把编著这本书列入了计划。2017年6月，云南省人民政府公布《第四批省级非物质文化遗产代表性项目名录》，至此，我省已列入国家级、省级和州（市）级的饮食类"非遗"项目达到了80余项（区县级以下未统计），具备了编著出版《非物质文化遗产名录中的云南饮食》的条件。

本书作者丁建明，痴于文墨，长于摄影，是云南省作家协会和中国摄影家协会会员，可谓"能文能武"。他出版过摄影散文集《云南诗画》《远去的小火车——滇越铁路100年》等2本专著，受到广泛关注并很快售罄，《远去的小火车》还被云南省选入"农家书屋"，配发到全省行政村图书室（云南省先后出版过7本（种）"滇越铁路"图书，丁建明著的《远去的小火车》唯一入选）。

《岁月的味道》书中有许多文字、图片是丁建明先生多年来的生活、工作的积累，正如他所说，这要感谢省餐饮行业协会提供的平台。的确，因为工作关系，丁建明多次被省餐美协委派到州（市）参加或采访美食节庆活动，每次外出，他的行囊中少不了那台略显沉重的全画幅专业相机。无论是行车途中还是活动现场，他的双眼随时都在捕捉"猎物"，一旦有所发现，"耳顺之年"的老丁"动若脱兔"，像年青人一样敏捷，手起快门响，精彩的瞬间就此定格。他抓拍的图片生活气息浓郁，表情自然生动。再看老丁笔下的文字，没有华丽的词藻，质朴自然："我上小学时，奶奶有时会给我5分钱去'打酱油'。过去酱油是散装的，盛放在陶缸或木桶里的，酱菜铺用玻璃杯口粗的竹子制成有长竹柄的'提'，5分1提，提着酱油瓶回家时，我会下意识地用手指在瓶口抹抹放进嘴里解馋。"（《拓东酱油》）；在《曲靖蒸饵丝》中有这样一段："装盘精美的菜肴是美食文化，让人赏心悦目，但却是'瞬间艺术'，一动筷就没了。就说这碗小小的蒸饵丝，洁白细软，韭菜绿白相间，赭黄的肉酱点缀着些许剁碎的红辣椒，层次丰富，色彩分明，吃时要拌匀，这下碗里就全乱套了。"

等等，不一而足，读者可以从书中去欣赏和体会。

曾任某杂志副总编的丁建明应邀到省餐饮行业协会工作后，从不熟悉到热爱这个行业，笔墨、镜头都转而聚焦餐饮业。他为人诚恳、忠厚，对同事、对朋友亲善。近年来，他一人"独揽"《云南餐饮与美食》期刊的编辑及部分内容采访、拍摄、撰稿任务，如今已出刊47期，这在全省恐怕不多见；他担任《云南省饮食文化系列丛书》执行主编，对每本书都付出心血，至今已出版26本。工作之余，他先是1篇《回味悠长》荣获"红河州饮食文化征文"大赛一等奖，而后又2次摘得全国餐饮摄影大赛银牌，这在云南餐饮业中史无前例，所以我说丁建明先生是"文化人里的美食者，美食者中的文化人"。

《岁月的味道》是本图文书，在今天快节奏的生活中，一个"读图时代"已经到来，电视、互联网等现代传媒改变了人们的阅读习惯，单一的文字类图书难以吸引读者，所以图文书走俏。图的优势是感性、具体，长于状物写景，阅读是超线性的（在欣赏时可同时感受一幅画面中所有的信息）；但图有局限性，主要在于时空的限制（特定的瞬间、视觉静止的画面）以及表意的模糊和多义。文章的优势在于理性、概括，表达时空的自由，以及表意的确定。文的局限在于状物写景的抽象和阅读的线性（按顺序逐行阅读）。一本画册，读者翻过后也许就完了；一本纯文字的书，现在的人又难有闲暇把它读完，把二者结合起来，是优势互补，优美的文章加上大量来自生活中的图片，让你在业余时间的随便翻翻中感到轻松。有兴趣时读两段文字，没时间就欣赏一下图片，或许就在不经意间对这本书、对云南饮食有了想深入了解的欲望；或许就此让你步入云南，参加云南的"美食之旅"，寄情云南山水间，从这个意义上说，这是本好书，特向读者推荐。

（作者系云南省政协第十、第十一届常委，中国烹饪协会特邀副会长，云南省旅游饭店暨餐饮行业协会执行会长、监事长）

目 录
CONTENTS

云南省州（市）级

岁月的
味道
——非物质文化遗产名录中的云南饮食

国 家 级

非物质文化遗产代表性项目名录（饮食类）

蒙自过桥米线

1

云南有首老掉牙的民歌《猜调》，生动活泼，妙趣横生，现在很少能听到。歌里唱道：

> 小乖乖来小乖乖，我们说给你们猜。
>
> 哪样长，长上天，哪样长长海中间，
>
> 哪样长长卖街前，哪样长长妹跟前？
>
> 小乖乖来小乖乖，你们说来我们猜。
>
> 银河长，长上天，莲藕长长海中间，
>
> 米线长长卖街前，丝线长长妹跟前。

过桥米线，昆明人最爱

"米线长长卖街前"，是为云南一景。如果给云南小吃排个座次，"米线"坐头把交椅当之无愧。保守估计，在云南人的早餐中，吃米线的人要超过半数。以云南4700万人口计，吃掉的米线是个天文数字。

岂止是早点，消夜、烧烤摊、周末假日外出野炊，米线是云南人的主角，正餐也少不了它的身影。传统滇式筵席，"滇味凉米线"不可或缺，而且还是第一道菜。

这道菜用大盘装，米线垫底，上面铺有红色萝卜，绿色韭菜、酱色猪肝，赭色牛肉凉片、米色凉猪肉等，围成一个大圆，旁边置一碗酱油辣椒配制的蘸料，色彩斑斓，很是诱人。开席前，有热心人先倒入蘸料，用筷子拌匀，围桌而做的宾客纷纷举箸伸向这盘凉米线，一来可餐前开胃，二来有了米线垫底，接下来的推杯换盏不至于喝醉。

2

云南米线中，过桥米线最具代表性。

"正宗过桥米线关键在汤"，是我20世纪80年代拍摄昆明将要拆除的长春路时，当街悬挂的一条广告标语，这条"横空出世"的红色布标传递了两个信息，一是改革开放让百年

昆明原长春路过桥米线

🍜 正宗过桥米线关键在汤

"过桥米线"迎来了发展机遇，二是道出了云南过桥米线的真谛。

　　好的过桥米线对原料和汤的制作要求非常高，要用土鸡、老鸭、筒子骨和宣威火腿骨等熬制六七个小时，汤要滤过，使其清澈透亮。传统老店的师傅们都是每天半夜就起身熬汤，一般是当天熬当天用，早上的汤最浓，也最鲜美。配料也很讲究：鱼片一定要用新鲜的生乌鱼片，火腿必须是中国"三大名腿"之一的宣威火腿，豆芽要掐尖。尤其是荤料盘里的"香酥"，要用农民家自养的吃粮食、菜叶的猪，炸的火候就大有讲究，火大了炸焦，火小了则不香，不同部位的猪肉做出来的香酥味道都会不一样，因而有"一碟香酥，三年学徒"之说。荤菜极讲究刀功，荤菜盘中的火腿、肉片、鱼片、海参片切得越薄越好，要求铺在纸上可以透字。

❸

评价过桥米线好坏有四个重点、一个关键：一是油好，要使用调制过的鸡、鸭油，汤浓油重；二是碗大，碗大如盆，要保持碗的温度和汤的一致才不会"偷"走汤的热量，汤才能烫熟生片；三是高汤，熬制汤底要求清、浓、爽、鲜。但是，"清"难浓，"浓"难爽，"爽"难鲜，最考功夫，只有用心做好过桥米线的人才可以达到这个境界，客人也是冲着一碗好汤、高汤才来的；四是荤素片，荤素片是点睛之笔，选料新鲜自然，各种荤素片的搭配要能保证膳食平衡。最关键的是米线，过桥米线讲究的是云南本土米线，本土米线是发酵米线，不仅强化了营养，还如同馒头一样内部有微小空隙，爽滑劲道，能吸附汤汁和佐料，有大米的芳香，入味上口，百吃不厌。而硬浆米线、干米线如粉丝一般，或硬韧粗糙难入味，或稀烂如粥一包糟，口感极差。米线不好前功尽弃，云南过桥米线的魅力就在这里。

4

第一次吃过桥米线一定要先学点常识，"吃法"不但关系品尝到美味，更关系到食客的"人身安全"。正确的吃法是按"先生后熟"的顺序进行，先把鹌鹑蛋（鸽蛋）蛋清与蛋黄分离，蛋黄拨入碗内，把生肉片、生鱼片、鱿鱼、海参、肚片等生肉依次放入蛋清

拌匀，这叫"挂浆"，再下入汤中用筷子轻轻拨动烫熟（经过这样处理的脊肉、鸡脯肉等，味道鲜嫩）。待各种肉片变得白嫩细腻后再放入各种配料，如韭菜、豆腐皮等，大海碗内五色交映，香气扑鼻，喜辣的可加点油辣子，令人胃口大开。这时把米线碗凑近汤碗，用筷子夹起米线向上提起放入汤碗内，米线在两碗之间搭起一座不断线的"桥"，吃时沿着汤碗边把米线轻轻地吸进嘴里，滑润软糯，鲜香温柔，肠胃被米线激活了，周身发热，美食快感油然而生。如果把一碗米线囫囵倒进汤碗内则辜负了"过桥"的意境。吃完米线后，或用小勺慢慢喝汤，也可端起碗大口喝，味道鲜美、汤味浓郁、营养丰富的高汤，直到肚子滚圆再也喝不下去时，一次美食的享受才告结束。

5

已有100多年历史的过桥米线，各种版本的优美传说妇孺皆知，较有代表的是蒙自说。滇南蒙自城里有南湖，一座石桥连通南湖中的小岛，岛上风光秀丽，修竹成林。清代有位秀才整天在岛上八角亭中读书准备赶考，妻子天天为他送饭。有天其妻炖了只鸡放在陶罐中与米线一道送到岛上给秀才吃。秀才因苦读以致忘食，其妻也因劳累就靠在亭柱上睡着了，一觉醒来看到丈夫还未动筷吃米线，欲把鸡汤拿回去重新加

蒙自南湖

🍚 菊花过桥米线

热，不料双手一捧陶罐烫得她缩回双手叫道："鸡汤还烫呢，赶快烫米线吃吧！"遂把米线倒进鸡汤罐里，秀才吃了很爽口，叫其妻以后如法炮制，其妻也从中发现了陶罐保温、鸡油"如盖封热"的烹调原理，就常这样送鸡汤米线给丈夫吃。秀才后来中了榜，此"汤烹"法逐渐在蒙自流传开来，因为秀才之妻送米线要经过一座石桥，人们就叫它"过桥米线"。

这座石拱桥仍静静地守候在南湖之中，外表上看，它只是一座普通的桥，这样的桥在许多公园湖泊中都可以看见。但当你知道它和一段传奇、和一种美食相关时，你

🍚 南湖畔哥胪士酒楼

就不得不对他另眼相看了，你甚至可以将它看作是一座亲情之桥，历史之桥，走过这石拱桥，你就走进了蒙自久远的文化积淀和人文风情。

6

蒙自曾是红河州的州府，其独特的地理位置使蒙自先于省府昆明对外开放。从1889年开关到1910年滇越铁路通车，是蒙自对外贸易的鼎盛时期，有众多值得骄傲的"第一"：云南的第一个海关、第一个电报局、第一个邮政局、第一个外国银行、第一家洋行等，据传先后有48家洋行、商号、公司落户蒙自，10多个国家和国内8个省的商人在这儿做买卖。

🥣 建于蒙自的云南第一个海关

到了蒙自，无论是草民朋友还是官场应酬，总要请吃一次过桥米线，足以说明米线在蒙自人心中的分量。蒙自南湖吸引人的地方，不仅是它历史的厚重（湖畔的柳荫里，曾有过朱自清、闻一多、冯友兰、陈寅恪等一代大师漫步的身影），也不仅是它波光潋滟的迷人景色，更有那碗过桥米线的动人传说。

如果米线仅仅是饱腹的食品，没有它深藏的文化内涵和优雅传奇，那它就不会在今天享有如此广泛的美誉。检索中华美食食谱里那些脍炙人口的美味佳肴，我们会发现，很多美食都有它的文化含量，有它的诗意和传奇。值得庆幸的是，蒙自的米线"过桥"了，这一过"桥"，将它从普通的食品升华到历史的高度、文化的高度，米线与"过桥"的结缘，就给这种独具地方魅力特色的食品增添了两翼，让它跻身于中华美食之列，飞翔在传奇与回味、梦想与诗意的华美篇章中。

宣威火腿

宣威火腿

1

宣威是云南省的一个县级市，位于滇东北，自秦修"五尺道"以来，就有"入滇锁钥""滇东门户"的美称。宣威最值得骄傲的美食名片是"云腿之乡"，在省城昆明的"宣威菜馆"不少，生意都不

金钱腿

错，"宣威老火腿"是各家的招牌菜，昆明友人如果邀约去吃宣威菜，十有八九是冲着"宣威火腿"去解馋的。

火腿中，猪脚腕骨以上，猪大腿以下的部分称"金钱腿"，是宣威火腿中的极品，肉香味浓。当年在西南联大求学的汪曾祺吃过后赞不绝口，他在文章中回忆说"云南的宣威火腿与浙江的金华火腿齐名，难分高下"，"昆明人吃火腿特重小腿至肘棒的那一部分，谓之'金钱片腿'，因为切开作圆形，当中是精肉，周围是肥肉，带着一圈薄皮。"

宣威火腿之所以广受吃货青睐，其特点是个大骨小、皮薄肉厚，肥瘦适中，因形

宣威火腿是中国三大名腿之一

似琵琶，故也称"琵琶脚"。有人形容为"身穿绿袍，形似琵琶，入肉三针无异味，离骨三寸即可食"。早在1915的巴拿马国际博览会上，宣威火腿就荣获金质奖，成为云南省最早进入国际市场的名特食品之一。

电视片《舌尖上的中国》没有播出之前，宣威火腿是"云腿"的代表，如今诺邓火腿风头强劲，但多数云南人还是认宣威火腿。

2

曲靖餐饮行业协会毛加伟会长是宣威人，对宣威火腿情有独钟。狗年伊始，加伟亲自驾车陪我去宣威采访，曲靖市"非遗"中心主任崔艳英与我们同行。一路上，我们的话题自然离不开"腿"。加伟曾

宣威浦在廷故居合影

国色天香

锅贴乳饼　　　　　　　　云腿宝珠梨

请教过曾任宣威政府招待所所长的烹饪大师李培天，李大师几十年从厨和接待工作的经验，对宣威餐饮了如指掌，加伟也因而学得不少知识。据李大师介绍，传统火腿腌制时间是农历冬月之后，早年宣威火腿的猪种、喂养方法、腌制方法、煮腿方法都有讲究。老品种的叫作金沙猪，毛色偏白，长不太大，最多也就100来公斤，现在一般是老品种猪和杜洛克猪杂交的，大的能长到三四百公斤。火腿腌制期需一年左右的自然发酵期，尤其陈年（隔年）腿，要一年半时间，属上品。

　　选火腿方法，一般是看火腿下刀胯边，不要过大（呈琵琶状），通常用竹针或是骨针插进火腿髌骨上、中、下几个部位，闻香，号称"三针香"，有纯正肉香、无哈喇味、无酱味、臭味即可。普通人要在市场选到好火腿，靠运气和眼光；煮的方法用对了也能达到事半功倍的效果。

　　宣威火腿的最佳吃法是炖、煮，传统滇菜中的炖汤，几乎都要用宣威火腿提味。毛加伟介绍说，其煮的方法，一是下锅后，放清水没过肉，猛火催沸，把头道汤倒掉

😊 宣威火腿

不用；其二，把甘蔗（也可用红糖适量）切两段垫入锅底，加清水没过火腿，炖煮二、三小时，熟透后即可（如果用高压锅，冒气后40至45分钟关火）。煮火腿时可以放一些黄豆之类的辅料，炖时香气四溢。切片之前要用汤养火腿，切成大片或小片时要带皮、肥、瘦一起切，吃起来才过瘾。

煮熟的老火腿，入口肉质滋嫩，具有鲜、酥、脆、嫩、香甜等特点，油而不腻，香味浓郁，咸香回甜。

3

宣威火腿究竟起源于何时，已难详其考，但有一点可以肯定，明设宣威关，清置宣威州，使宣威火腿有了成名的前提和基础。据《宣威县志》记载，清雍正五年（1727）置宣威州后，以"身穿绿袍，肉质厚，精肉多，蛋白丰富鲜嫩可口"而享有盛名的火腿便以地名命名，称"宣威火腿"，至今已有近3个世纪的成名史。清光绪年间，曾懿编著《中馈录》中收有"宣威火腿"的制法。据此及有关史料推断，宣腿最迟明末即成，雍正时代即流入滇川首府，清末流到东南沿海，发展成为上市交易的初级商品和农家馈赠亲朋好友的贵重礼品，也是地方官绅进奉上司或钦差大臣的贡品。

　　"宣威火腿"的发展不仅推动了民国年间宣威的文明与进步，还曾向革命军队提供服务，为中国革命的胜利做出过贡献：一是1916年蔡锷将军率领的讨袁靖国军路过宣威，宣威火腿及其罐头为正义之师提供了丰富的军需供应；二是1935~1936年，中国工农红军九军团、二、六军团长征路过宣威，宣威火腿既是肉又含盐，深受红军官兵喜爱，为红军走过漫漫长征路补充了给养。宣威虎头山战役40余年后，当年的红军指战员王恩茂（原红六军团秘书长，曾任全国政协副主席）、张铚秀（原昆明军区司令）等先后前来战地凭吊牺牲的战友时，最使他们难以忘怀的，就是那场激烈的战斗中缺粮少盐时尝到宣威火腿那种如品御肴奇馔的感受。

▱ 孙中山题词

▱ 浦在廷曾授少将军衔

4

　　怀着久仰的心情，我们拜谒了位于宣威市西城下街27号的浦在廷故居。毛

宣威东山

宣威市西城下街

加伟在这条街附近长大，轻车熟路，带我们直奔目的地。浦在廷故居是一楼一底的回廊式庭院，古朴典雅，1994年修复后将西厅辟为展厅，故居窗棂精雕细缕，油漆虽已斑驳，更显出沧桑感。庭院中心有浦在廷先生铜像，北面房檐下，左边悬挂孙中山先生手书的"戮力同心"匾额，右边是唐继尧亲书的"急公好义"匾牌。

早年赶着马帮、下过南洋的传奇人物浦在廷先生，是宣威火腿工业化萌芽的培育者，也是推动宣威火腿走向世界的第一人。浦在廷投资引入技术及机器设备，将笨重原始的农家食品加工转换成便于携带的罐头产品，跻身海内外食品市场。关于浦先生的辉煌业绩，《宣威县志》这样记载："宣威县工业素不发达，近感于物竞天择，优胜劣败之故，率皆投袂而起，思以新法易旧章，机械代人力，为工商之新纪元，就中以火腿罐头一项最著成效。其原起始于宣和公司派人入粤学制罐头，遂订购机器入境，开工招艺徒成立火腿罐头公司，取携带便而应用广，为食品中珍美丰腴良构，故畅销全国及海外，有供不逮求之势。"

1916年，浦在廷资助护国运动，唐继尧授予其银质梅花护国奖章，并亲书"急公

🥣 宣威火腿

🥣 火腿夹乳饼

🥣 擂捣火腿

🥣 宣威云腿

好义"相赠；1917年，他参加孙中山先生发起的护法战争，并随护法军入粤，出资支持创办黄埔军校。因北伐有功，被孙中山委任为全国总商会副会长、广东烟酒公卖局局长兼滇军第二军军需处处长，赠五等嘉禾勋章、授少将军衔，被称为"商贾将军"。

5

2015年10月，世界卫生组织的一份报告将加工肉制品列为"一类致癌物"，中国老百姓喜爱的美食，也是中餐中不可或缺的重要食材——火腿被推上了风口浪尖。

火腿，吃，还是不吃？

中国最早出现"火腿"二字的是北宋，苏东坡在他写的《格物粗谈·饮食》明确记载火腿做法："火腿用猪胰二个同煮，油尽去。藏火腿于谷内，数十年不油，一云谷糠。"

这样算来，有史为载的中国火腿已有800多年的历史，在餐桌上数百年风头不减。而且火腿不仅中国人喜爱，西方也不例外，西班牙火腿世界闻名，是该国饮食文化的"国粹"。

毛加伟对宣威火腿有自己的见解，他说，宣威火腿不但是发酵食品，还是益精补气的上等食品，只要不"贪吃"，尽可以放心享用。加伟父亲已经93岁高龄，精神尚好，一辈子常吃宣威干酸菜汤和火腿，干酸菜汤被宣威人戏称为"农村健力宝"，二者都是当地最具特色的发酵食品。

所以，专家们说了，对于世卫组织的结论应科学解读，一类致癌物和其致癌性没有直接关系，也并不意味着它就是强致癌物质。适量摄入加工的肉制品，其有害物质可以被身体正常地代谢掉；当然，如果是长期、大量食用，那患病的概率或将增加。

不管是科学研究的数据还是世界卫生组织宣布的结论，都只是为公众提供权衡风险的事实基础，而不是说这个东西有毒害，绝对"不能吃"。认识和了解了风险真相后，我们大可不必惊慌失措，毕竟火腿在市场上畅销了几百年。

火腿，我是爱吃的。

宣威老火腿

跳菜过大年（李一波 摄）

🥟 跳菜（罗佳映 摄）

1

第一次听说"跳菜"，您一定会感到惊讶，川菜有"跳水泡菜"，四川的自贡有"跳水蛙"，云南大理州南涧县的"跳菜"究竟是道什么样的"菜"？

"跳菜"其实不是一道可以吃的菜，而是南涧彝族自治县的一种独特的上菜礼仪。"跳菜"起源于母系社会，盛行于唐朝，相传它是古时期彝族人敬奉帝王在宫中表演的一种舞蹈艺术，后来慢慢流传于民间，成为彝族民间艺术之独秀，饮食文化之奇葩。"跳菜"把粗犷豪爽、古朴生动的民间艺术亮点融汇于用餐，不仅包容了饮食文化的精华，而且囊括了民族文化丰富的内涵，更是由衷地表达了彝家人对远道而来的客人的一片深情厚谊，堪称"东方饮食文化之一绝"。

2

南涧彝族"跳菜",雅称"奉盘舞",俗称"抬菜舞",是南涧彝族在婚礼、祝寿、建新房等重大宴请宾客的活动中,由引菜人和抬菜人从厨房到餐桌合着音乐的节拍,跳着彝族特有的舞步,诙谐幽默地按"棋子"的布局摆菜的一种融舞蹈、音乐、饮食于一体的上菜礼仪。这种上菜礼仪打破了舞蹈、音乐仅仅作为饮食的"陪衬"角色之格局,将舞蹈、音乐提升到饮食文化不可或缺的一个环节。抬菜人手抬、臂托、口衔、头顶各式菜肴,合着唢呐吹奏的上菜调,与引菜人共同跳着险象环生、滑稽幽默的舞步,既为宾客的餐桌上满美味可口的菜肴,也为宾客吃饭前奉上一道开怀大笑的精神大餐。"跳菜"的目的是上菜,手段是舞蹈,主题是为宴请活动增添喜乐欢笑。舞者尽其所能,让宾客看得尽兴,吃得开心,宾客兴高采烈,送上诚挚的微笑和祝福。

3

彝家人办客事,桌子往往迎面摆开,中间留路,宾客三方围坐。"跳菜"开始,豪迈的彝家汉子瞬间把小碗筷撒毕,眼花缭乱之际,只听数声锣响,大号、唢呐齐

欢乐跳菜过大年(罗佳映 摄)

鸣,主持办事的"总理"一声令下,两位"跳菜"大师从厨房里相继而出,他们头顶托盘,手里还撑着托盘,托盘里面装满了菜碗,在忽高忽低、忽急忽缓的音乐声中,一前一后,一摇一晃,根据音乐节拍,迈着轻柔而敏捷的步子,缓缓入场。两人一边跳着舞步,一边在脸上做着怪

🍚 彝族民间土八碗

🍚 彝家坨坨肉

🍚 彝家羊汤锅

相，其动作幽默而滑稽，舞姿轻松而优美，其他"跳菜"者托着花样繁多的菜盘也陆续登台上菜。但见"跳菜"者从容自如，那重叠在一起的菜碗在他们手臂上，随着舞姿，自上而下，自下而上，忽前忽后，忽左忽右，不断变化着位置，始终稳稳当当，一点菜也不会撒出来。在宾客的一片赞叹叫好声中，"跳菜"者神不知鬼不觉已把菜陆续摆到桌上——无量山乌骨鸡、无量山火腿、无量山杂菜、无量山小锅酒和锅巴油粉、手工粉丝等等，都是用当地的生态食材精制而成。

4

"跳菜"者多为彝族汉子，一般两人一对，一对跟着一对跳，姿势各异，变化多端，刚柔相济，旋转自如，不断地把装满菜肴的托盘在他们手中花样翻新。最精彩的要数"口功送菜"和"空手叠塔跳"，"口功送菜"者口中紧衔着两柄大铜勺，勺上各置一碗菜，头顶托盘，盘装满了菜，面带笑容，满怀激情，边跳边上菜；"空手叠塔跳"是"跳菜"的顶级高手，他们头顶托盘，盘装八大碗，双手十指分开，每只手分别托起重叠在一起的四大碗菜，踏着节拍，合着节拍，甩开矫健而优美的舞姿，边跳边舞，穿梭席间。还有一前一后，一左一右的搭档们，手舞毛巾，一张一弛，一招一式，以合拍的舞步迎接"跳菜"的到来。此时，"跳菜"便达到高潮，宾客心惊，

最精彩的要数"口功送菜"
罗佳映 摄

碗里肉跳，客人们的心仿佛提到了嗓子眼上，生怕掉下一碗菜来。

5

"南涧跳菜"堪称世界上最牛、最火、最炫、最爆、最狂、最棒的舞蹈，真正体现了彝族民族性格。跳菜的舞姿，跳时如龙腾、似虎跃，舞步粗犷豪放、刚健潇洒，音韵和谐，音乐以打歌调、歌声、唢呐、芦笙的有机交融为主旋律，跳出了彝家汉子的神韵和豪迈，跳出了无量山的豪情和澜沧江的狂放，舞动的羊

"跳菜"经历了从村寨到舞台的羽化

皮犹如雄鹰展翅、飘动的裤脚恰似澜沧江的波涛，场面可谓十分壮观。

"跳菜"要有功夫，摆菜也有讲究，均按传统规矩来摆放。常见的摆法有"回宫八阵""四方形""梅花形""一条街"等。入席者眼观跳菜舞蹈，耳听彝俗音乐，待上了四大碗菜，宾客方能动筷，一边欣赏"跳菜"者变换无穷的舞姿和欢快诙谐的表演，一边品尝彝家山寨风味，既饱口福又饱眼福，"吃并快乐着"。

6

但凡体验过南涧"跳菜"的客人，有的将其看作艺术、有的将视作文化、有的将其当作杂技、更有的将其想象为神化……赋存于彝族村寨中朴素的"实地跳菜"或"席间跳菜"，过去为村民日复一日单调重复的生产生活增加了一道亮丽的风景线。在南涧彝族村寨，逢喜事，以"跳菜"助兴；遇丧事，以"跳菜"化悲，无论哪家办事，村里的男子汉都要剃光头发，亲自下厨，舞着托盘，跳着上菜，令人眼界大开，食欲大增。

近20年来，南涧彝族"跳菜"经历了从村寨到舞台的羽化辉煌，也在开发应用

——非物质文化遗产名录中的云南饮食

的探索中逐渐走向成熟。发展到今天，舞台跳菜已从乡村的"丑小鸭"羽化为城镇的

"白天鹅"。彝族汉子彪悍、豪放的表演让观众心潮澎湃；彝家筵席大碗喝酒、大块

吃肉的豪爽让食客大呼过瘾！

🍚 金钱羊肉

🍚 苦荞粑粑

香草坨坨肉

汉区茶为敬，彝区酒为尊

彝族酒歌

"阿老表，端酒喝；阿表妹，端酒喝。喜欢，也要喝；不喜欢，也要喝。管你喜欢不喜欢，也要喝；管你喜欢不喜欢，也要喝！"这首诙谐、有趣、"霸道"的彝族敬酒歌，来自磅礴乌蒙高原群山深处的楚雄州武定县，2008年唱响央视春晚后，语惊四座，被著名诗人牛汉称为"中国最牛

☕ 敬上客人三杯酒

的民歌"，可与新疆《大板城的姑娘》比肩。这首酒歌已走出彝州，被其他少数民族"拿"去宴席上演唱，音调不同，歌词不变。

1

彝族是云南省人口最多，支系较多，分布地区较广的少数民族。楚雄是云南唯一的彝族自治州；大理州有漾濞、南涧两个彝族自治县；昆明是座移民城市，汉族大都是各个时代因各种原因移民而来的，有人说昆明的原著民族也基本上是彝族（支系）。20世纪六七十年代，昆明城里常能见到头戴形似鸡冠帽的彝家人，被城里人称为"公鸡族"，她们才应该是"老昆明人"。

干！

　　彝族大部分居住在山区，部分居住在高寒山区，少数居住在平坝和河谷地带。各地彝族支系的服装差异大，服饰区别近百种，琳琅满目，各具特色。酒是彝族敬客的见面礼，只要客人进屋，主人必先以酒敬客，彝家待客"有酒便是宴"，而对菜肴则不甚在意。每逢婚嫁，以视"酒足"为敬，"饭饱"则在其次；家族间、个人间发生打架斗殴纠纷时，理亏方往往打（买）酒赔礼道歉，即可消除民事纠纷或双方怨恨。热情豪爽，大口吃肉、大碗喝酒的彝族民间酒俗源远流长；内容丰富，诙谐幽默，异彩纷呈的彝族酒歌是博大精深的中国酒文化的生动反映。

2

　　我到过云南省的多个彝族地区，领略过彝族的酒文化。

　　酒，是彝族最为重要的特色饮品，是任何饮料和食品都无法取代的，民间有"汉人贵茶，彝人贵酒"之说。彝家人有这样一个谚语："两座山不能靠在一起，两碗酒可以把朋友连在一起"；"田埂是稻子的护埂，美酒是友谊的纽带"。可见酒已成为彝家人缔结友情、接物待人、调解纠纷无法替代的法宝。

彝族酒文化饶有情趣，丰富多彩，在彝家举办婚事时做客，能听到许许多多彝家人传唱的酒歌。单说彝家"婚俗酒歌"，就有"吃口酒""奉席酒""迎亲酒""进门酒""交杯酒""留客酒""献礼酒"等。在彝家山寨，有歌声的地方就有酒，有酒的地方就有歌，无论是青年男女唱的情歌，还是毕摩唱的"祭祀歌"，不管是彝族开天辟地的"创世歌"，还是描述彝族先民生生不息的"劳动歌"都会使你沉醉在酒歌交融的情调中。

"地上没有走不通的路，江河没有流不走的水，彝家没有喝错了的酒！"如果你去彝家做客，不管你是哪儿来的客人，也不管你去哪一家，当你进到堂屋时，全家老少就会主动起身让座，殷勤的主人双手端来香味四溢的"大碗酒"。主人斟酒，客人必须双手接饮，哪怕只是用嘴舔一下，主人也会露出满意的微笑；当你接过酒碗，能

要喝你就喝个够

◯ 彝族酒歌

◯ 彝族酒歌

◯ 彝族酒歌

毫不犹豫地一饮而尽时，主人就会喜笑颜开，热情地和你攀谈。彝家人赤诚的心和爽朗的性格，以及浓烈的酒文化深深地铭刻在你的心里。

3

武定彝族酒歌是用彝家人的热情酿制的，每逢亲朋好友到来，武定彝家儿女就热情似火地先敬上一碗美酒，唱起深情的敬酒歌：

> 武定那个小锅酒又甜又爽口，
>
> 客人啊请你喝，不喝你莫走，
>
> 要喝你就喝个够，点滴都莫留啊，
>
> 彝家人礼不周，还请再来走，
>
> 彝家人礼不周，还请再来走……

没有复杂的乐队，伴奏的也许只是那么一支短笛，而那优美、悦耳的歌声，却震撼着每一个远方来客的心，让初来乍到的远方客人硬硬的一颗心就被它唱热了，唱软了，甚至唱融化了。

🥢 武定县城

客人要走了，彝家人又送上一碗碗留客酒，深情地唱上一曲《留客调》：

> 亲亲的阿老表，亲亲的阿表妹，
>
> 走一步是望两眼，哪个舍得你呀……

至真、至情、至美，清脆、嘹亮、抒情的酒歌声，把人们带进了武定彝家深情厚谊的内心世界，它是那么抒情，那么动人，让人深深感到艺术的震撼力。

武定彝族酒歌，是一种有草根气息的原生态的民歌绝唱，词真情切，唱出了磅礴乌蒙高原深山中兄弟民族的淳朴纯真的情感，美好纯洁的心灵。它没有洋腔花调，没有矫揉造作；有的只是自然、纯朴、优美，像武定彝山的风光一样的自然美。唱酒歌的姑娘是那么美，她们身上穿的，不是袒肩露胸的扫地长裙，也没有珠光宝气的耀眼装饰，只是普通的彝家装束；脸上既不涂脂抹粉，嘴上也不擦口红，可她们就像是彝山怒放的山花，纯真无华。

彝族酒文化独树一帜

武定彝山美，彝山的人更美！陶醉在武定彝山，你能得到最大的享受，最大的满足；那是自然的享受，艺术的享受——

> 太阳与月亮相聚时，跟星星干一杯酒；
>
> 云与雨水相融时，跟彩虹干一杯酒；
>
> 男女恋人相聚时，跟天地干一杯酒；
>
> 客人来到彝家时，敬上客人三杯酒！

▱ 献礼酒

▱ 武定敬酒歌

岁月的味道

——非物质文化遗产名录中的云南饮食

云南省级

非物质文化遗产代表性项目名录（饮食类）

哈尼族长街宴

红河州哈尼族的长街宴，每年12月初在哈尼族"昂玛突"节举行。"昂玛突"是哈尼族祭护寨神、拜龙求雨的节日，长街宴是一个祈福的宴席，反映了哈尼族传统生活习俗的独特风貌。

1

又是一年"昂玛突"，我们一行影友一大早在元阳县胜村拍摄了梯田风光后，驱车直奔元阳县俄扎乡的哈播村——这天是长街宴的日子，不能错过。其实，红河州的绿春、红河等县都有长街宴，但哈播的名气更大些。

🍲 元阳梯田

云南多山，红河州也不例外，元阳、绿春县的乡镇都在大大小小的群山怀抱中，公路宛如系在群山间的一条腰带，哈播以及沿路的村寨就是这条腰带中的一个个"结"。哈播村有近500户人家，全都是哈尼族，善于种植梯田，便利的交通，加之哈播长街宴的品牌效应，使这里吸引着四面八方的人。还未进村，我们先见识了"长街车"——路边停放的各种车辆排成长龙，与村子里的长街宴相映成趣。

"昂玛突"节活动为三天，第一天举行立新寨门、封寨，祭寨神"昂玛突"，请寨神入村等三项活动；第二天摆"长街宴"，沿村的小街上，从街头到街尾摆上丰盛的酒席，弯弯曲曲，蜿蜒似龙，俗称"长龙宴"或"街心宴"。摆宴席时，锣鼓喧天，全村人扶老携幼入席，主持人龙头坐首席，其他人根据性别、年龄、兴趣不同，自愿组合围长桌而坐。各家菜肴上桌时，先端到龙头面前让"龙头"品尝，接受龙头的真诚祝酒；龙头将各家菜肴扒出一部分，先堆在一起，然后分发到各处，这种混合在一起的菜肴，示意全寨人同心合力祭神、迎龙和共度佳节。

在三天的庆典中，男女老少身着传统民族服装，共庆佳节。辛苦劳作了一年，大

哈尼族长街宴

⏝ 哈尼宴

⏝ 哈尼梯田螺蛳

⏝ 哈尼蘸水鸡

家欢聚一起，相互祝福，谈古论今，边吃边喝边叙，同时祈求寨神"昂玛"保佑村寨人畜平安，风调雨顺，五谷丰登。

过去，有游人遇上长街宴，人们纷纷让坐，拉你入席，盛情招待；如今，交钱方可入座，长街宴大都变成商业行为，走味了。

2

　　哈播村在公路上方，一条小街曲折蜿蜒，细且长，宴席从村头摆起，一直往村里延伸，见首不见尾，十分壮观。桌子上摆满了哈尼人精心烹制的农家宴，有猪、鸡、鱼、鸭肉，牛肉干巴，三色蛋，花生米，"焖锅酒"等哈尼族风味菜肴；有"酸甜苦辣咸"五味俱全的各种荤菜、素菜、汤料，还有许多我叫不出名的菜，主食是白、黄、红等香喷喷的糯米饭、染黄饭、荞粑粑等，令人垂涎欲滴。在哈播，家家户户跨出家门就可沿街摆开宴席，桌上缺什么回身就可取，很是方便。

　　长街宴开始，龙头率领全寨人高举酒杯，祝愿来年风调雨顺。凡参加宴会的人，第一筷夹切成小块摆在桌子中央的龙猪肉吃下，示意龙已入心，然后再吃其他菜肴。宴会进行到下午五时，龙头敲起鼓，绕席走过龙树下，众人合掌相送，示意送龙回家。入夜，酒席散去，青年男女就唱歌跳舞，谈情说爱。通宵达旦。

🍚 元阳梯田

🥣 农家

　　长街宴是哈尼人各家各户烹调手艺的大PK，大同小异中又各具特色——哈尼妇人盛装出场，汉子们喝得面红耳赤，孩子们欢快地跑来跑去，呈现出一幅浓郁的民俗风情画卷。村里的屋顶上、墙角边、长街宴的队伍里，到处是手拿"长枪短炮"的摄影人，熟面孔不少，相互点头打个招呼，又各自忙着寻找最佳角度。一路走去，这张桌上拿只鸡腿，那张桌上接过酒碗来一大口，不胜酒力的早已是大红脸，脚下都有些飘浮，但仍忘不了端起相机……

　　这里远离城市喧嚣，可以暂时丢开烦恼，欢乐和哈尼人一起分享；这里有线条优美的梯田，展示着一幅幅天然的画卷，人与自然的和谐让人惊叹；这里头上是蓝天白云，席间有美味佳肴，挂着相机的影友也在大快朵颐。

　　这正是：

　　摆开长桌宴，坐在十六方；

　　哈尼鸡味美，焖锅酒飘香。

　　来的都是客，全凭嘴一张；

　　美食美景全，韵味实在长。

玉溪米线扎实好

米线，云南人最喜爱的小吃，没有之一；以米线为"节"，长达81天，且几百年不衰的，是玉溪，也没有之一。2011年，"玉溪米线节"被世界纪录协会认定为"世界历时最长的节日"。

在老朋友、玉溪市饮食行业协会秘书长任亚伟邀请安排下，戊戌狗年农历二

🍜 土主归殿巡游

月十五，我们驱车前往玉溪市李棋镇参加2018年米线文化节的"土主归殿"活动。如今已改为街道办事处的"李棋"历史悠久，是玉溪花灯的发源地之一，清康熙五十三年（1715）的《新兴州志·风俗》有"二月望日、土主归殿，殿门前演剧五日"的记载。

经任亚伟介绍，我认识了下赫社区居委会主任代宝盛，土生土长的代宝盛已过"知天命"之年，过了N个米线节。交谈中，我们知道了米线节的由来：米线节原称"迎神节"俗称"豆糠节"，源于对土主及龙神的崇拜。传说玉溪米线节从元十三年（1276）设新兴州就开始搞，时间从每年的农历正月初一到三月二十二，至今已逾700多年；另有一说是明正德十四年新土主开始巡游逐渐形成，至今有500余年。

各村轮流迎请土主

阿普被尊称为土地神

土主归殿

原名新兴州的玉溪，古时森林幽深，河流纵横，人烟稀少。有年夏季，新兴坝子连降七天七夜暴雨，冲毁农田，淹倒房屋，百姓无家可归，苦不堪言。这时，百姓称其为"阿普"的官员带领百姓疏浚河道，修沟筑堤，开山造田，补栽补种战胜了灾害。经过三年的治理，新兴州成了旱涝保收、人畜兴旺的坝子，百姓过上了丰衣足食、安居乐业的日子，为民众日夜操劳的阿普终因积劳成疾而过早离开了人世。

在中国，但凡为人民做过好事的官员，人民都不会忘记，昆明三市街的"忠爱坊"，就是老昆明人为纪念兴修水利，对昆明地区经济发展有着深远影响并对云南做出过重大贡献的元代官员赛典赤·瞻思丁而修建的。玉溪人民把阿普尊称为"守护神""土地神""土主老爷"，为永远纪念他，大家捐钱出力建盖土主庙，还为他雕刻木像供奉。每年从初二开始，各村按商定的时间和路线轮流迎请土主，轮流祭祀。神到哪村就是哪村的节日，村里组队迎神，杀牲畜祭祀，表演花

🍲 吃米线，话家常

🍲 爱的味道

灯以及龙灯，狮舞等民间歌舞进行庆祝，每村历时三天，以祈求新的一年里人寿年丰、风调雨顺、国昌民乐，由此而形成规模最大、历史最长的全民性风俗节日。

我们的话题围绕"米线"展开。在玉溪，以"只卖鳝鱼米线"开店且生意经久不衰的任亚伟说，云南米线起源于元朝中叶玉溪北城的青堆村，当地人用稻米面搓成米条后凉拌或烧炒，是做菜食用的。明洪武年间，有个善于烹饪的村民张珍将剩余的稻米面用生白布袋包裹后吊在房梁下，第二天来取时发现有一股淡淡的酸味，他不忍弃之，便放入蒸笼，蒸熟后搓成条，配入酱油、腌菜等佐料，酸辣可口，味道十分鲜美。张珍很高兴，叫邻居来品尝，大家吃后都称是一道好菜，问张珍如何配制，张珍先是感觉纳闷，可仔细思量，他恍然大悟，妙就妙在米面"发酵"上。于是，他钻进

屋里淘米磨面，在灶前忙碌起来。经过反复揣摩，米条越做越精，而且吃法多样，冷热皆宜，老少喜爱，全村乡亲纷纷前来讨要。张珍犯愁了，小锅小灶怎么供得上大家的需要？于是，他请教村里的木匠并集思广益，想出一个办法，用木头掏空一个圆洞，底部戳穿许多细孔，将发酵蒸熟的稻米面放入圆洞，用圆木挤压出一根根米条，米条细长而晶莹剔透，宛如农家纺织的白线，取名"米线"。后经过多年摸索，张珍研制出了锅榨米线，并逐步形成一整套加工工艺，即发酵、磨浆、澄滤、蒸粉、压制、漂洗等工序，从此，玉溪米线成为各族人民喜爱的风味小吃并流传到云南各地。如今，"青堆米线"已经成为玉溪响当当的品牌，其所承载的东西远大于其本身，见证着从元朝至今的滇人米线制造史。民国时期，它几乎是玉溪米线的代名词；凭借筋道好，白嫩而富有弹性的口感，从民国开始就迅速占领了北城镇乃至现今红塔区的大份额米线市场。从文化上说，它连续了玉溪数百年来绵延兴盛的"米线节"，有良好的历史铺垫和口碑。

在代主任安排下，我们来到土主庙村的吕文中家用餐，体会当地人的米线情节。吕文中已是78岁的古稀老人，在"土主归殿"巡游中，他身披红绸，引领巡游并率先

吕文中家吃米线

祭拜土主。我们边吃边聊，玉溪米线在味型上以香辣和酱香为主，这种风味小吃是玉溪餐饮中的一张名片，许多来玉溪游玩的人都是冲着玉溪风味小吃的名气前往的。玉溪米线家族中，有鳝鱼米线、砂锅米线、豆腐米线、杂酱米线、焖肉米线、牛肉米线、羊肉米线、排骨米线、猪脚米线、鸡肉米线、过桥米线、凉米线、素米线……凡叫得出名字的云南米线玉溪几乎都有，"米线"始终伴随在玉溪人的生活中，无论是早餐、中晚餐还是消夜，也无论是高档酒店、普通餐馆还是街边小吃摊，都随处可见。

米线节上，除传统的酥、烧等八大碗外，"米线"必唱主角土主庙里的米线素食宴座无虚席，男女老少吃米线，话家常，亲情融融；土主庙戏台上，无论是花灯演唱还是乐器伴奏，虽都是中老年人，一招一式十分投入；"李棋印象"民俗文化展、特色美食商贸街热闹非凡，活动精彩不断……米线节期间，当地老百姓迎祀土主，祈求丰收，走亲访友，欢聚一堂，故米线节又称"团圆节""丰收节"。

民俗是一个时代、一个地域人群共同的生活方式，是贯穿于历史长河中民众创造、享用的一脉相承的文化生活。玉溪米线节虽然在一段时期被当作"迷信"活动被禁止，但它在玉溪人民心中始终未能忘却。玉溪人的米线情结，是几百年来的米线节培养起来的，已经深入骨髓。吃米线，过米线节，已经成为玉溪人传达真情实感的饮食习俗。

🍚 焖肉米线

🍚 鳝鱼米线

🍚 杂酱米线

🍚 小锅米线

🍵 烧鸭出炉

宜良烧鸭

走遍云南，无论是滇味餐馆还是农贸市场，多半都有卖烧鸭，而且多冠以"宜良烧鸭"。宜良是昆明辖区的一个县，距昆明仅50余公里，位于石林风景区必经之路上，有高速公路直达。这只烧鸭让许多宜良人走上了致富路，并使之形成一个鸭产业，是20世纪宜良县发展最快的一个大产业。

1

在我的成长记忆里，"烧鸭"只有鸽子般大，早年昆明的回族饭店都有卖，叫小刀鸭，8角钱就能买一支。在吃肉凭票的年代，小刀鸭给我们提供了优质蛋白。差不多每个月，妈妈都会让我去附近

🍜 宜良烧鸭"非遗"传习馆落户学成饭店

饭馆排队买上两支供全家享用。出炉的小刀鸭，鸭身只有人的拳头大小，配上长长的细脖子和鸭头，就像一柄长把青铜小刀。趁热将小刀鸭撕开，焦黄的皮色透着浓香，鸭肉鲜嫩。蘸点酱放入口中，口感有嚼劲，萦绕着浓郁的酱香味。

小刀鸭只是宜良烧鸭中的一种，肥壮的宜良烧鸭体形大得多，用焖炉烧制，出炉时色呈枣红，外红内白，皮脆肉炻，食味香甜，佐以甜酱、大葱，有人可以一次吃掉

一只。烧鸭一定要趁热吃，若是凉了，味道逊色不少。过去，宜良烧鸭是连骨砍成块蘸酱吃，如今饭店也有把整只鸭子片皮去骨，赠送春卷薄饼，卷上鸭肉、大葱，吃得嘴角冒油，口有余香。

2

中国明代嘉靖年间就有吃烧鸭的记载，《金瓶梅》即有买烧鸭、吃烧鸭的多次叙述。清咸丰六年（1856），当时的宜良县丞、后来官至云贵总督的岑毓英，与一帮生死兄弟在宜良县城花桥"顺河楼"饭馆喝鸡血酒，结盟起事时，美食家的岑毓英突发奇想，叫老板曹健将宰杀汤褪后的鸭胚用栗炭火烧来吃，这应当是宜良烧鸭的雏形。这只炭火烧制的烧鸭，其历史比北京全聚德（1864）还早8年。

虽然宜良县城曹氏烧鸭发生在先，却鲜为人知，而是公认狗街的刘文为宜良烧鸭始祖，是因为刘文从北京便宜坊学回来后改进的焖炉直挂式烧鸭技艺，使宜良烧鸭发生了具有根本性变革，再加上刘文在整个养鸭、宰鸭、烧鸭过程中所进行的一系列具有宜良本土特色的创新，严格规范，认真执行，才最终奠定其历史地位的。

3

清光绪二十八年（1902），宜良狗街沈伍营村举人许实得公族资助，赴北京拟参加甲辰科（1904）会试。同村的农家子弟刘文时年28岁，年富力强，作为挑担书童随侍赴都。到京城后，投宿于米市胡同"便宜坊"附近。当晚，先生请吃的"便宜坊"香嫩烤鸭令刘文念念不忘，他不时抽空转进"便宜坊"，与烤鸭师傅套近乎，暗中揣摩，偷偷学艺，一来二去学得了烤鸭技艺。

回到家乡，适逢滇越铁路通车，刘文在狗街火车站开了一个烧鸭店，名"质彬园"。刘文肯动脑筋，将烤鸭技术做了较大改进，北京用麦芽糖水涂鸭子，刘文改用蜂蜜水，烤出来呈金黄赤铜色；北京烤鸭用明火叉烧，他改用土坯焖炉。焖炉所用为暗火，火力均匀，烧制完成的烧鸭通体熟透，"焖炉"是宜良烧鸭的全部核心

🍚 宜良烧鸭

技艺之关键。可以说，没有焖炉就没有今天的宜良烧鸭，"烧鸭始祖"刘文先生的历史性功绩即在于此；而宜良烧鸭能被批准为云南省级"非遗"代表性项目并得以传承发展的全部依据，亦尽在于此。

宜良烧鸭"非遗传承人"兰学成

4

刘文的烧鸭，色呈枣红，皮脆肉粑，有时提起鸭腿一抖，肉与骨能自然分离，肉香味美、酥脆离骨，一时间声名鹊起，成了名牌。原云南省政府主席龙云品尝后赞赏有加，手书"京都烧鸭"匾额相赠，示其技艺得于京都。每年谷熟鸭肥季节，刘文及其弟子杨国才都被邀请到省城，在省府及高级军政要员举办的宴会上显献烧鸭技艺，各界人士多有楹联匾牌锦旗赠送，其中一联写道："南圃春前新燕舞，西村秋后乳鸭肥"，对仗工整，是为妙联。

宜良烧鸭不胫而走，为了吃到刘文的烧鸭，

宜良烧鸭被列为非物质文化遗产名录

 云南省政府原主席龙云书匾额相赠（仿制）

有人专程从昆明、开远等地坐滇越铁路小火车到狗街品尝，然后心满意足地再带上两只坐火车回家。抗战时期，西南联大南迁昆明，文学院先驻滇南蒙自。被誉为"最后的一位国学大师"的钱穆先生作为西南联大教授，正在发愿完成"书生报国"的史学名著——《国史大纲》。经友人联系，得宜良县长王丕支持，将城西岩泉寺之"县长别墅"借予钱先生暂住，以安心写作。宜良学者郑祖荣研究认为，钱穆先生以不到一年的时间（10个月）而在宜良岩泉山寺能够顺利完成其60万余言《国史大纲》一书，除获得"江山之助"外，"美食之助"功不可没。钱先生记述到："宜良产鸭有名，一酒楼作北方烧鸭，外加烧饼，价值币六元，即国币六角，余一人不能尽一鸭，饱唉而去。"

除钱穆先生外，品食过宜良的烧鸭的中国文化名人不在少数：他们中，有陈寅恪教授，有冰心女士及其夫吴文藻先生，有著名书法篆刻家邓散木先生等，不胜枚举。

🥄 烧鸭一定要趁热吃

🥄 宜良烧鸭源自北京烤鸭

汽锅鸡可做成药膳

建水汽锅鸡

鸡在人类的日常饮食活动中是不可或缺的食材，古语有"无酒不成席，无鸡不成宴"之说。京剧"智取威虎山"有百鸡宴；民间红白喜事，

🥘 汽锅鸡要的是"蒸"功夫

鸡鸭鱼肉，鸡居首位。鸡可煮可炸，可炒可炖，其做的菜不下百种，什么烧鸡、烤鸡、香酥鸡、白斩鸡、药膳鸡、漆油鸡等，数都数不过来。

1

有朋自远方来，请吃是第一要务。在云南，菜单上会有一道传统滇菜——汽锅鸡。被称为"中国最后一个士大夫"的著名作家汪曾祺早年就读于西南联大，他一辈子忘不了昆明的美食，在《昆明菜》中，汪曾祺描述道：中国人很会吃鸡。广东的盐鸡，四川的怪味鸡，常熟的叫花鸡，山东的炸八块，湖南的东安鸡，德州的扒鸡……如果全国各种做法的鸡来一次大奖赛，哪一种鸡该拿金牌？我以为应该是昆明的汽锅鸡。

2

汽锅鸡已有200多年历史传说，清乾隆年间就流行在滇南一带，是临安府（今建水县）福德居厨师杨沥始创。当时建水所产陶器已出名，式样古朴特殊。杨沥利用建水陶，独出心裁研制出中心有嘴的蒸锅，名曰"汽锅"。在汽锅下放盛满水的汤锅，由蒸汽将鸡蒸熟，当时称此菜为"杨沥鸡"。民国初年陶工杨春对饮具进行改良，把"杨沥汽锅鸡"改名为"培养正气鸡"，从此汽锅鸡名声大振，成滇味名菜。

汽锅鸡的烹制方法有些特别，云南大学教授金子强在《滇人食俗文化》中说：汽锅鸡算得上精奇，以特制的状似加攒顶盖儿古鼎的建水紫陶制成的"汽锅"，通过汽锅正中的通气管，蒸汤而非熬汤，做法别具一格。把饮食要素中的色、香、味、形、质、器、养综聚出别具的特色，亦食俗之大观也。

🍲 临安府（今建水县）

🍲 汽锅宴

🍲 汽锅鸡是用汤蒸，放入各种辅料

🍲 汽锅鸡的烹制方法特别

3

　　20世纪40年代，建水人包宏伟夫妇在昆明福照街（今五一路）首开专营汽锅鸡的"培养正气馆"，把建水汽锅鸡传入昆明。汽锅鸡传到昆明后，选用的是武定壮鸡。真正的"武定壮鸡"是母鸡，而且须是当地土鸡。这种小母鸡长到一斤左右，在豆蔻含春时，由专业劁鸡匠在鸡的腰间部位划一刀，用特制的工具，小心翼翼将卵巢完整取出。伤口未愈合之前，用鸡罩罩着，精心护养，由于缺少雌性生殖系统，这鸡便慢慢衍化成毛色绚丽璀璨的鸡群里的"女太监"。成了"女太监"的武定鸡，最大的特点是外表华贵艳丽，鸡体型高大，腿粗，胫较长，肌肉发达，头尾昂扬，步态有力，肉质鲜嫩甜美，其名气早在明朝《云南通志》中已有记载。明清时期，"武定壮鸡"曾被选为贡品敬献给朝廷。

在鸡类里公然弄出"女太监"，绝对是云南武定、禄劝县的一大发明。

4

汽锅鸡用的"锅"十分了得，是与江苏宜兴陶、广东石湾陶、四川荣昌陶等被列为我国四大名陶之一的建水紫陶制成。建水生产的陶器用该县近郊的五色陶土制作成型，经过书画、烧炼、磨光等工序，陶器色泽深紫，花纹雪白，叩声如磬，其中深黑嵌白者尤为上品。建水紫陶还有耐酸、耐温、透气、防潮和保温久的特点。建水出产的紫陶汽锅，常用的直径约在25厘米，可装1公斤左右的整鸡1只，大小正好。但大到

春秋时期的铜汽锅（河南妇好墓出土）

1米直径，小到小碗般模样的汽锅建水都能生产，而且都能使用。用建水紫陶汽锅蒸出的鸡、香味浓郁、味道鲜美；用紫陶炊具盛藏食物，隔夜不馊，历史上有"宋有青瓷，元有青花，明有粗瓷，清有紫陶"的说法。

1976年，河南殷墟"妇好"墓的考古挖掘中，出土了一件商代的带导气管的甑形青铜炊具，与云南汽锅异曲同工。这可是几千年前的玩意，是英雄所见略同，还是古风传遗边陲？让后人遐思。

5

俗话说好马得配好鞍。鸡好、锅好加上厨师好，美味就出炉了。

云南汽锅鸡玩的是"蒸"功夫。汽锅鸡的"蒸"功夫不能马虎，不能以煮代蒸欺

骗消费者。笔者曾亲到厨房拍摄过汽锅鸡制作，当时大开眼界的是，蒸汽锅鸡的锅底不是用清水，而是放入鸡脚、鸡骨、筒子骨、葱姜等调料的汤。原来，美味汽锅鸡是"汤蒸"而非"水蒸"，难怪味道鲜美。大厨介绍说，"汤蒸"是传统，但传统并非一成不变，要与"食"俱进不断创新。如今他们的底汤有多种原料，有去腥的、有增加口感的、增加营养的等等。

6

是真（蒸）的还是煮的汽锅鸡，吃前可以先从汤来分辩。上桌时，把覆盖在汽锅鸡上面的油吹开，因为生蒸的鸡汤是由蒸馏水形成，所以鸡汤能够清澈见底；其次再看鸡肉：生蒸出来的汽锅鸡，鸡块在汽锅中是粘连在一起的，而如果是从大锅中倒入的，那么鸡肉是分开的。

🍲 建水汽锅"家族"

🍲 用建水紫陶汽锅蒸出的鸡、香味浓郁、味道鲜美

🍲 真（蒸）的汽锅鸡吃前要先看汤

　　然后再品尝，好吃才是硬道理。正宗汽锅鸡的汤汁从第一口到最后一口都是一个味道，不会改变；如果是用大锅煮后再分别放入汽锅中的所谓"汽锅鸡"，第一口汤或许还是原味，到了第二口、第三口味道会变淡。

　　云南资源丰富，有植物王国的美誉，云南人对吃也颇有研究。这不，在汽锅中加入三七、天麻、虫草等名贵药材烹饪，便成为三七汽锅、天麻汽锅鸡、虫草汽锅鸡，是为云南独特风味的滋补药膳。这样一来，鸡汤更有营养，还有润肺、补肾

🍲 老字号临安饭店

功能，既是滋补佳肴，又是食疗上品。

☺ 建水汽锅，四大名陶

7

传说解放初，时任国防委员会副主席的龙云（解放前称"云南王"）用滇味佳肴"建水汽锅鸡"宴请中央领导，受到毛主席夸奖；1972年尼克松访华，周总理安排的国宴中就亲点了滇味名肴"汽锅鸡"。开宴时，揭开盖子，香溢四座，鸡肉滑嫩，汤鲜味美。据说总统品尝之后，对其美味佩服得五体投地，赞道"味道太鲜美了，真想连整个汽锅一起吃进去！"

☺ 汽锅鸡

在云南吃正宗汽锅鸡，虽说不必非得去专营店，但一定要选择大店、品牌店，这样的店注重信誉，制作认真，不马虎，一般不会用煮出来的鸡装入汽锅冒充汽锅鸡。而一些街边小店或旅游团队餐，虽然也有汽锅鸡，但此鸡非彼鸡，汽锅仅只是个盛鸡的器皿而已。

🍲 曲靖

曲靖蒸饵丝

曲靖离昆明138公里，通火车和高速公路，是云南连接内地的重要陆路通道，素有"云南咽喉""入滇锁钥"之称。秦汉"五尺道"是最早开辟出的云南"内引外联"之通道，西汉时期已在曲靖设置味县，公元225年

🥣 饵丝是云南特色小吃

诸葛亮南征"七擒孟获"在曲靖会盟设建宁郡，西晋王朝设宁州，曲靖成为全国的州之一，之后500年曲靖一直是云南政治、经济、文化中心。

1

到曲靖，蒸饵丝不能错过。

饵丝是云南特色小吃，各地有各地的吃法，但多为煮和炒，"蒸"饵丝是曲靖独有。云南饵块的做法就是用蒸好的大米舂出来的，是为"一蒸"，曲靖吃时再蒸，可为"二蒸"。过去的曲靖，大街小巷早点店里都有蒸饵丝卖，它是曲靖人早餐的主要品种，味美、方便、快捷。早点店门面都不大，多数没有装修，有的就用自家房子，设施简单，餐料、锅、盆随意放置。蒸饵丝在做法上大同小异：切得细细的饵丝用油拌后放在甄子里蒸，挑出一碗，放上开水汆过的韭菜、绿豆芽，舀一勺酱油、肉酱，外配一碗骨头汤，吃起来别有一番滋味。

2

过去，一些小城市的早餐店大都让人头疼，碗、筷、餐巾纸乱扔，厨房油渍斑斑，味道虽好，就餐环境却很不敢恭维。曲靖城主营蒸饵丝连锁店的"靖晨园"，店面宽敞明亮，门头有统一标识，条形厚木桌、木凳，古朴中又透出现代气息，整洁、干净，客人络绎不绝。看得出来，老板在

🍲 蒸饵丝"非遗"传人高永芬

学习洋快餐店的模式，虽然还未完全形成自己的风格，但无疑已经迈出了第一步。

作为曲靖的传统小吃，过去卖蒸饵丝的多是老奶老倌。靖晨园连锁店老板是个中年女子高永芬（又是个美女老板，这曲靖的女人咋那么能干呢？真让大老爷们汗颜）。

3

初识高永芬，是2013年，彼时她已经在曲靖城开有几家早餐店，主营蒸饵丝，生意都不错，算是个小有成就的老板。如今有的老板生意不咋的，却爱摆谱，一幅了不起的大老板派头；高永芬则低调得多，很谦和，像个既熟悉又和蔼可亲的邻家姐妹。她邀请我去店里看看，并亲手做了蒸饵丝请我们品尝。

饵块因是用稻米蒸制的，有黏性，弄不好就粘在一起，所以蒸饵丝的原料筋骨

🥣 曲靖老街蒸笼铺

要好，否则出锅时就不是饵丝而是饵饼了。高永芬说曲靖沿江、珠街一带出产优质稻米，蒸饵丝的主料就是用的当地产的筒子饵块。饵丝洁白细软，韭菜绿白相间，赭黄的肉酱点缀着些许剁碎的红辣椒，小小一碗蒸饵丝层次丰富，色彩分明，吃时要拌匀，这下碗里就全乱套了。所以美食文化是一种"瞬间艺术"，未入口时色、香俱全，但不知其味；品出味后，这件"艺术品"也就没了。

4

靖晨园对蒸饵丝的调配料也很有讲究，选用的是新鲜的韭菜和香葱配盘，酸菜是自家腌制的，做油辣子的辣椒来自邱北，要有花椒、八角、草果，香菇，水

🥣 蒸饵丝非遗传承店——靖晨园

蒸饵丝非遗传习馆

客人络绎不绝

蒸饵丝调配料很有讲究

到曲靖，蒸饵丝不能错过

洗芝麻等，曲靖本地出产的红皮大蒜也必不可少。甜酱油熬制时要配适当的香料，熬至浓稠出味方可；肉酱选用的是新鲜的猪后腿肉，剁细后加入特制的酱料爆炒；高汤要精选筒子骨，经3~4小时小火熬制而成。因为蒸饵丝的吃法类似卤制，要配一小碗撒了葱花的筒子骨汤，饵丝吃得差不多了，喝上口汤，惬意得很。

5

高永芬是在父亲的影响下改行开餐馆的，选择做蒸饵丝是因为爷爷辈就已是蒸饵丝的高手，得益于家传，她不断在实践操作中积累经验，生意日见红火。由于她的执着和对事业的不懈追求，这个当年在国营供销社站柜台的小姑娘如今不仅成了老板，还让曲靖蒸饵丝不断出彩，在全国摘金夺银，试举几例：2015年8月，在滇西北的丽江举办云南省首届名特小吃暨民族饮食文化节，来自滇东北曲靖的蒸饵丝备受青睐，摊位前成天食客络绎不绝。只带了部分食材去探路的高永芬措手不及，紧急通知家里人每天用夜班车往丽江发饵丝，为期一周的小吃节，经长途运送的曲靖蒸饵丝竟然在丽江卖出了1吨！

2016年，曲靖蒸饵丝被评为"首届中国金牌旅游小吃"；2017年，又获"中国地十大名小吃"殊荣；同年，曲靖蒸饵丝被列为第四批省级"非物质文化遗产"代表性项目名录，高永芬也成了该项目的技艺传承人。

真是时势造英雄啊！

巍山肥肉饵丝

　　巍山位于大理州南部，是南诏国发祥地，也是茶马古道的重要通道。"诏"在当地方言里面即"王"的意思，南诏即最南面的王。公元738年，皮逻阁在唐王朝的支持下，完成了统一六诏的丰功伟绩，被敕封为"云南王"。第二年，南诏从巍山迁都大理，南诏迅速强大，进而称雄于祖国西南地区。

1

　　巍山古城步行街犹如一条鸡肠，宽不过六七米，长却有两千余米，路面全是用青石板铺成。杜文秀部将修建的星拱楼位于街北面，拱辰楼则雄居城中心，楼顶悬挂的"魁

　🥣 巍山古城保存完整

🍚　巍山的早晨，是从一碗饵丝开始的

雄六诏"匾额格外醒目，二楼遥相呼应，一座小巧玲珑，一座宏伟壮观。街边竖立着仿古的路灯；临街铺面多为二层小楼，保留着明清建筑风格，前店后宅或下店上宅，店铺修缮一新，挂着黑底金字的招牌。这条巍山县城25条街、18条巷中沿南北走向的商业街，是目前云南省保存最为完好、距离最长的古街。一些专家学者考察巍山古城后赞叹不已，认为"巍山古城风貌如此完整，在云南乃至全国均属少见"。

2

从2011年应邀参加巍山"中华彝族祭祖节暨首届大理巍山小吃节"起，我数次到过巍山，对这座南诏古城充既熟悉又喜爱。巍山除了深厚的南诏历史文化底蕴，其小吃也蕴涵着悠久的饮食文化，是民族饮食的"活化石"。经过千百年来漫长积淀，巍山餐饮形成了极富个性的地方饮食风格和饮食文化，素有"魅力巍山，小吃天堂"的美誉。巍山资源丰富，传统工艺、名特小吃品种较多，门类齐全，价廉物美。多年来，爬肉饵丝、过江饵丝飘香省内外；"一根面"、青豆小糕、

🍲 爬肉饵丝是巍山始创

凉粉、米线等地方特色小吃远近闻名；蜜饯、咸菜、牛干巴等老字号名特食品让人赞不绝口，回味无穷。

3

饵丝云南各地都有，"爬肉饵丝"是巍山始创，它以色、香、味和独特制法，流传千年并成了当地的一个响当当的品牌。古城的大街小巷都可寻到饵丝店，州府大理市区以及昆明也有"巍山爬肉饵丝"招牌的小吃店。巍山几乎家家户户都会做爬肉饵丝，巍山人说他们是吃着爬肉饵丝长大的，百吃不厌。地道的巍山爬肉饵丝质白细腻，汤纯味厚，肉肥而不腻，细嫩香甜，不脆不粘。爬肉饵丝的"爬"，当地传统用

做饵丝——蒸米

做饵丝——压片

做饵丝——晾晒

做㸆肉要先在炭火上烤

的是"火"旁加个"巴"字，读音"pā"，但电脑字库中没有这个字，好在"扒"本身也有煨烂烹饪之意，有时只好用其代替。

4

民间传说，巍山的㸆肉饵丝的创始人是南诏国开国元君细奴逻。早年细奴逻同彝族同胞一起以打猎为生。有一天围猎时碰到大火烧山，森林里的野猪被烧死了，他们就把烧黄了的野猪煮着吃，觉得非常香美。后来他们就经常把猎到的野猪用火烧后再煮着吃，渐渐地就流传下来。再后来细奴逻又让人们把烧猪肉与饵丝配着吃，久而久之发展成为今天色、香、味俱全的㸆肉饵丝。相传唐玄宗开元年间，唐派遣御史严正海和中使王承训协助皮罗阁兼并五诏大功告成，建立南诏国时，为了庆祝胜利，酬谢唐王朝的大力支持，皮罗阁设国宴招待唐使，主食就是㸆肉饵丝，㸆肉饵丝遂成为巍山各族人民的一种日常美食和待客佳肴。

5

每次到巍山，我的早餐甚至中餐吃的都是爬肉饵丝。常去的两家，一是古城内"老王饵丝店"，另一家是南诏广场旁的"黄嫂"饵丝店，两家都是祖传手艺，做事认真，选料讲究，生意也都不错。爬肉饵丝选用的是本地新宰杀上市的猪后腿、猪肘子和猪肚皮上的新鲜肉，放在炭火上烤至肉皮焦黄，用温水刮洗干净，放入大土锅，加适量巍山火腿，大火煮沸，打去浮沫，加入姜片、草果、火腿等配料，加盖用微火煨炖，一般要炖10多个小时。打开锅盖，香气扑鼻，汤色白稠不腻口，肉离骨不失形。煮饵丝也很讲究，饵丝在滚水中要烫得熟而不烂，盛于碗内，加上炖好的爬肉、汤汁，放上葱花、酱油、蒜汁、辣椒面、花椒油、蒜汁、泡菜丝或腌菜等调料，一碗汤汁鲜美，味道浓香的"爬肉饵丝"就成了。

6

"老王饵丝店"的老板娘叫王丽辉，与老公共同经营这家店，随着巍山名气渐大，加上堂口好，扼守古城中央，是游客必经之地，所以生意十分红火。每天清晨，

巍山过江饵丝

迎着东方的霞光，"老王饵丝店"炊烟袅袅，开门迎客，下午饵丝卖完后即闭门谢客，然后准备第二天的爬肉。或许是受到过桥米线启发，"老王饵丝店"推出了"过江饵丝"，爬肉单独盛一碗，饵丝配以肉汤盛一碗，另有泡菜、腌菜、腌萝卜条和香酥花生。吃时，把饵丝夹入爬肉碗就着爬肉吃，爬肉鲜嫩，饵丝细腻有弹性，满口留香，回味无穷。

7

在2016年3月的巍山第六届小吃节开幕式上，一个直径1.9米，高0.9米的红木大碗放在舞台中央，碗的正面雕刻有巨龙，寓意中国梦。在公证人员的见证下，在中国滇菜研发中心的烹饪大师协助下，烹制炮肉饵丝的当地世家"黄嫂"和10余名助手利用460两饵丝，840两肉汤，总计共重1300两的食材进行烹制。最后，在公证人员及上海大世界基尼斯纪录认证官的见证下，巍山"最大一碗炮肉饵丝"通过了"上海大世界基尼斯之最"纪录认证并颁发了牌匾，现场200多名各族群众和部分游客兴致勃勃地分享了这一碗"超级"炮肉饵丝。

🥣 炮肉饵丝的味道

🥣 巍山饵丝，彝家最爱

🥣 太好吃了

🍚 临沧拉祜族姑娘

🍚 临沧傣族姑娘

🍚 临沧佤族姑娘

云县鸡肉米线

　　云县古称云州，是临沧市北往大理，西进保山，东上昆明，南下孟定、南伞边贸口岸乃至缅甸的中心点，地处漫湾、大朝山和小湾三大电站的中心腹地，高山、河谷、热坝形成了独特的立体气候和神奇美丽的自然风光。

　　应临沧市餐饮行业协会周学智会长邀请，我多次到过云县，每次学智总要带我们去品尝"云州乌鸡"，如火腿木瓜鸡、鸡肉米线等。

　　云县米线种类繁多，猪肉、牛肉、鸡肉"帽子"一应俱全，但最有代表性的还是

云县鸡肉米线

🍚 云县乌鸡是当地的品牌

"云县鸡肉米线"，广泛影响着滇西地区，昆明也常常能看到这块牌子，其独特的口味据说已历经500余年不衰。学智介绍说，云州米线，自古讲究三料一汤，三料既主料、辅料、佐料。主料指的是主食米线，采用滇西优质稻米制作，其中旱稻与水稻相配，使米线质地细软而有韧性，煮后不会断线，食之甘醇，米香满口。辅料是鸡肉与卤肉，云州米线所用鸡肉就是你们赞不绝口的山地乌骨鸡，其特别之处，在于用油煎鸡丁做"帽"，外加卤鸡腿、鸡翅等。闻之，有油煎鸡丁的香味；食之，有土鸡肉的鲜味，且无油腻之感。肉质细腻，肉香味美；卤肉用的是云县乡村圈养的猪肉，佐料用的葱、蒜、花椒、辣椒等都是自然无公害的农家种植的产品。

虽说云南人都有着深深的米线情结，但学智自豪地说，与米线最有感情的还是要数云县。在云县县城的大街小巷，百米之内必有1~2家米线店。别的地方，卖早点的多半是10点来钟就关门，而云县是"早点"连"晚点"，都要开到下午3~4点，全天候营业。这样，云州人大可不做午饭，早点和午饭都由街边的米线铺子包了。

米线本是早点，云县鸡肉米线上的"帽子"是炖得香浓的乌鸡肉，学智让老板又上了满满一碗鸡翅、鸡腿和鸡胗，说这是当地的吃法，你们入乡随俗吧。乌骨鸡肉散发着香气，让你欲罢不能。我还在考虑是否消化得了，学智已经把一只鸡腿放入我的米线碗，如此这般吃早点，午饭可免了。

走出早点铺，学智说云州米线花样多呢，吃上一星期都不会重样。除鸡肉米线外，卤汁米线也是临沧独有，另外猪血米线、稀豆粉米线、肠旺米线、豆花米线、牛肉米线、炒米线、小锅米线、凉米线等都各有特等，云州人真是换着法子把一碗米线玩出多种花样，让吃过的客人回味无穷。

传说明清两代，西南古丝绸之路支线过澜沧江神舟渡，再由云州经缅甸达南亚国家。在长达500多年间，云州商贾云集，各种小吃应运而出，云县鸡肉米线是为美食。旧《云县志》及有关地方史料零星记述："云州小吃最盛于民国六、七年间，婚丧宴客，通用八碗，米线辅之，城乡皆然。"云州民间滇戏社团"玩友班"曾经把清代大理文人袁谨的"云州竹枝词"改编成戏文："云县蛮疆古大侯，卖糖依旧卖花绸，楼梯坡脚坐一坐，鸡肉米线一钵头。"

🍲 米线"帽子"是炖得香浓的乌鸡肉

🍲 云县鸡肉米线

🍲 云县鸡肉米线

建新园过桥米线

　　建新园是昆明餐饮业中唯一的"中华老字号"，迄今已逾百年。位于昆明宝善街的老店每天仍然是门庭若市，高峰时门口临时摆放的小凳子也座无虚席，成了昆明城一道独特风景线，也是老昆明人抹不去的记忆。

1

　　让我们回到1906年，从这年起经清廷诏准中国废除了科举制度。这样一来，原本指望通过科举考试博取功名的"学子"们只有另辟蹊径。有3个昆明学子因为平时喜欢吃米线，便邀约在昆明宝善街一座砖木结构的二层楼房租了三间铺面开"建新园"煮品店。到底是读书人，他们借鉴贵州

　　🥣 在云南人的早餐中，吃米线的人要超过半数

🍜 位于宝善街的老店每天仍门庭若市

肠旺面条做法，用筒子骨、老鸡、老鸭、老鹅、鲜猪肉熬汤，加上血旺、卤豆腐、卤肠子做"帽子"，在昆明首家推出"肠旺米线"，由于店面小，味道好，出现了排队吃米线的好兆头，生意一开张就红火。

建新园米线的走红，让另外几个昆明人看出了米线"商机"，他们也合伙在建新园旁边的另两间铺面里开了家"三合春"米线馆，专门卖昆明焖肉米线。由于有祖传独门绝技，焖肉香味浓郁，生意也一炮打响。

从此，建新园的肠旺米线，三合春的焖肉米线在左邻右舍同时飘

🍜 昆明人的米线情结

香，一传十，十传百，昆明人都跑去品尝，人多了自然得排队，这队一排就是百年。

2

1956年公私合营，三合春并入建新园，5间门板铺面拉开连通成一家，专营煮品肠旺米线和焖肉米线。建新园根据昆明人的饮食习惯，取消了肥肠帽子。推出了有脆哨、滇味凉白肉片、五香豆腐三种原料作"帽子"的"脆旺米线"，得到了市场认可和昆明人的喜欢，"脆旺米线"遂成为昆明米线的代表作，建新园也成为昆明市饮食公司最赚钱的看家门店。

过桥米线起源于滇南，如今也是新园的一个重要产品。

过桥米线关键在汤，其实云南所有的米线，好不好吃关键也在汤。这是常识，在云南做米线的、吃米线的人都懂。早年的建新园专门请有经验的老师傅把关，按传统用料配足，半夜就起身熬汤，每天一次性熬好原汁原味的"汤"，有多少汤卖多少米

🍲 小锅米线

🍲 豆花米线

🍲 杂酱米线

🍲 焖肉米线

线，绝不会看到人多了，中途往汤中加水。汤舀完、米线卖完就打烊，天天如此。

走进建新园，过桥米线、焖肉米线、脆旺米线、凉米线；大碗米线、小碗米线、凉菜、卤花生等，琳琅满目，以适应不同人口味。作为老字号，"建新园"的店铺多在昆明主城区，门面装修统一、店堂风格统一，汤料等由中央厨房统一配送。

厨师长示范过桥米线

建新园过桥米线

☖ 云龙县城诺邓镇沘江河谷"天然太极图"，极似道教文化符号"太极图"

☖ 火腿

诺邓火腿

《舌尖上的中国》第一季中6分钟长的影像，让诺邓火腿出尽了风头，在此之前，别说省外，可能云南人中知道"诺邓"的都不多。

"诺邓"是位于大理州云龙县城西北面的山谷中的白族村，是一个因盐业而发展起来的古村落，自唐南诏时期开始，1000多年以来"诺邓"村名一直没有改变，对于一个偏僻的小村庄来说，堪称地理史上的奇迹，因而被称为"千年白族村"。

"博南古道"重要驿站上的云龙是滇西古县之一，除诺邓火腿，云龙县最有名的景观是"天然太极图"，位于县城诺邓镇沘江河谷。该景观是地质时代第四纪新构造运动后，河流深切、河床变化致江水绕出"S"形大弯子形成的特殊地貌，极似道教文化符号"太极图"，民间有"太极锁水""狮象把门"等许多神奇的传说。

有了《舌尖上的中国》的宣传，诺邓火腿成了大理待客的首选，当然也是真假难辨。因为是在大理朋友开的餐馆，

我想吃到的应该是正宗的诺邓火腿。

　　诺邓火腿的配料独特，制作精细，质优而味美，切口肉色嫩红，具有浓郁的乡土风味和白族腌腊制品的风格。席间，我们的话题自然离不开诺邓火腿，朋友说，早在清代，诺邓火腿就通过"南方丝绸之路"的茶马古道出口缅甸、越南、印度等东南亚

🥣 小吃店

🥣 切火腿

🥣 古镇

🥣 诺邓火腿

🥣 火腿蒸鸡枞

🥣 火腿片

🥣 诺邓火腿

国家。每年春节前夕隆冬腊月之际，云龙的白族同胞忙着宰猪做火腿，此时制作的火腿称"正冬腿"。诺邓火腿好吃，是因为用诺邓盐卤来腌制。诺邓出产的食盐很特别，采用传统的工艺加工精制，用铁锅熬成大块状，当地人称为"锅底盐"，用它腌制的肉食味道特别。另外，那里雨量适中，气候温和，霜期较为短，养猪多以玉米、上豆及绿叶植物为饲料，肉质细、油脂薄、瘦肉多，猪种十分理想，为腌制优良的猪肉创造了最佳条件。史书上曾有记载写道："猪肉著名，气候使然也。"

朋友说，诺邓火腿的腌制是冬季杀年猪后，将新鲜猪腿凉12~24小时，然后用刀把整层打整光滑，用锥子在猪腿的血脉处扎几下，用力挤出里面的血水，用诺邓产包谷酒在猪腿上均匀的撒抹一次，然后用手在猪腿上均匀地撒上盐，并边撒边搓，让猪腿充分吸收盐分，最后再在猪腿上均匀地撒上一层盐，用手轻拍压，把猪腿皮朝下平平地放在木缸或大铁锅内，盖上盖子，腌15—20天，拿出后先抹上一层盐，再在外面均匀地涂抹一层灶灰和诺邓盐卤水下沉淀的泥浆混合的稀泥，据说这种稀泥有保鲜、增香和防虫的作用，然后用绳子吊挂在阴凉、通风处半年以上即可，存放时间越长香味越浓，这样加工的火腿才是有名的正宗诺邓火腿。

《舌尖上的中国》使诺邓火腿风靡全国，价格不断攀升，鱼龙混杂，如今普通老百姓已难饱口福。

无量山，西北起于大理州南涧县，向西南延伸至普洱市的景东、镇沅、景谷等县，与哀牢山同处于横断山系，气候区划处于中亚热带与南亚热带的过渡地带，自然环境条件复杂多样，植物种类十分复杂，是全国善存的一块不可多得的绿色宝地。

无量山像一座天然屏障，从山脚到山顶，尽可领略"一山分四季，十里不同天"的立体气候，沿途古木参天、小河淌水、飞瀑急湍。清代诗人戴家政曾在《望无量山》中写道："高莫高于无量山，古柘南郡一雄关。分得点苍绵亘势，周百余里皆层峦。嵯峨权奇发光泽，耸立云霄不可攀。"诗中不仅描绘出巍无量山的雄奇险峻，更透显出一份清幽神秘。时至今日，雄奇险峻的无量山仍旧以独特的立体气候蕴藏着无

数鲜为人知的自然美景。

　　读过金庸先生武侠小说《天龙八部》的，早就从书上认识了无量山。《天龙八部》开篇，段誉随普洱茶商马五德来到无量山，误入无量剑湖宫，进入石洞看到神仙姐姐塑像，练成"凌波微步"。金庸先生为我们描绘出一幅壮美的无量山图——山清水秀，风光旖旎，物产丰富；飞禽、走兽、草药，怒放的各色山茶在月色下摇曳生姿；山崖上如玉龙悬空的大瀑布，水流湍急的澜沧江怒涛汹涌。无量山，在金庸先生笔下占尽了风头。

🥢 无量山火腿

🥢 诱人的老火腿

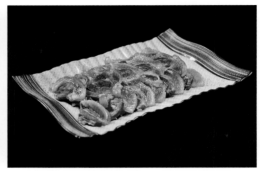

🥢 无量山老火腿

　　和云南大多数山区一样，独特的地理和气候条件是腌制火腿的先决条件。无量山火腿制作一般在海拔2000米左右的地区，火腿肉质嫣红似火，个大骨小、皮薄肉厚，横剖面肉色鲜艳，红白分明；瘦肉呈桃红色，其味咸香带；肥肉肥而不腻，香味醇厚，且营养丰富，富含人体必需的18种氨基酸和多种维生素，蛋白质含量高于同类产品，脂肪低，盐度适中，特别是亚硝酸盐含量每公斤小于1毫克，远远低于国家一级火腿小于或等于每公斤20毫克的控制标准。

　老火腿

　　无量山火腿外观呈黄褐色或红棕色，用指压肉感到坚实，表面干燥，在梅雨季节也不会有发黏和变色等现象。皮面边缘呈灰色。如果表面附有一层黏滑物或在肉面有结晶盐析出，则表明火腿太咸。无量山火腿腌制得好的都是盐不咸，腌制时使用食盐、小锅酒、香料

　无量山生态火腿

等，一边风干时一边压制。压制得较"板"和盐不咸的才是好火腿。

　　放置2年以上的无量山火腿可以生吃，因为亚硝酸盐转化为乳酸菌，所以很安全。

　　哈尼族，跨境而居的国际性民族，中国一个古老的少数民族之一。哈尼族主要分布于中国云南元江和澜沧江之间，聚居于红河、江城、墨江及新平、镇沅等县，和泰国、缅甸、老挝、越南的北部山区（称为阿卡族）。

　　哈尼腊猪脚是生活在元阳梯田周边的各民族共同喜爱的传统美食，它在各民族文化交流中有着不可替代的作用，常用来款待远道而来的客人。

🥣 红河哈尼姑娘

🥣 哈尼少女

炖猪脚

老猪脚

1

前几年到元阳拍片，住在老县城的新街镇。摄影人是"追光逐影"一族，早出晚归，天不亮就出发去胜村守日出，下午到老虎嘴，太阳落山才收拾器材回到住地。中午要么在农村小馆子对付一餐，要么干脆带点面包什么的充饥，一天下来很累，所以对晚餐特别重视。有时回到新街，有时回程时在哈尼饭馆饱餐一顿，喝点小酒解乏，这时，哈尼腊猪脚就是必不可少的下酒菜。

哈尼人历来擅长腌制腊肉，尤其以腌制腊猪脚而闻名。哈尼腊猪脚味道醇香、风味独特，是哈尼人最具有特色的美食之一，也是闻名遐迩的哈尼长街宴席上最具代表性的一道美食。它是生活在元阳梯田周边的各民族共同喜爱的传统美味，多用来款待远道而来的客人，在民族文化交流中有着不可替代的作用。

2

在哈尼食谱中，腊猪脚享有赞誉，这与其独特的制作技艺息息相关。因为经常点这道菜，一来二去和老板熟了，这位哈尼汉子说，腊猪脚之所以好吃，其制作流程有五步：一是选材，选择当地自然气候下常年放养，主食青草野菜，肉质细嫩的本地猪脚；二是腌制，用草果、花椒、盐、八角、辣椒、姜、酒等佐料反复搓揉，再放入大缸内腌制20天左右；三是清洗，将腌制好的猪脚表面清洗干净；四是熏烘，将清洗好的猪脚悬挂在火塘上方常年烟熏火烤；五是烹饪，煨煮前将猪脚用温水浸泡两到三小时使其充分撑展，然后放到柴火上烧透，再刮洗干净，放入锅中慢火煨煮，辅以哈尼蘸水食用。

3

云南各少数民族都有腌制腊肉的习俗和不同的作法，这也是早年没有冰箱情况下民间保存食品的方法。哈尼腊猪脚制作技艺的产生与发展，与哈尼族的生存环境和独特的生活习惯有着密切关联，过去在有限的生产生活条件下，哈尼人为了储存肉类食品，便将猪脚腌制成腊肉加以储存，以备所需之时食用。这一储存食物的方法经过世代传承与发展，积累了哈尼人丰富的生产生活经验和科学知识，传承了哈尼族尊重自然、顺应自然的文化理念，也生动反映了哈尼族对饮食文化的执着追求，对生活的热爱。

🍚 腊猪脚

纳西族猪膘肉

纳西族，云南特有民族之一，绝大部分居住在滇西北的丽江市，纳西族中，家族组织普遍存在，是一个聚居程度较高的民族。纳西文化受汉文化影响较深。肉食以猪肉为主，大部分猪肉都做成腌肉，尤以丽江和永宁的猪膘肉最为有名，可以保存数年至十余年不变质。

猪膘肉

猪膘肉又称"琵琶肉"，色、香、味俱佳，是待客、馈赠的佳品。制作过程分为宰杀、剔骨肉、抹调料、缝制、压扁、晾晒、放置等几个步骤。猪宰杀后将猪肚剖开，内脏取出，猪背朝下肚朝上，用刀将骨和瘦肉从猪体内剔出，工序比较复杂，几乎将瘦肉和骨剔干净，猪头则保存完整。然后是抹盐、花椒等调味品，抹盐时要均匀，一般配料要用盐、花椒、大蒜、生姜，有时还加上酥

猪膘肉又称琵琶肉

🥣 纳西族

🥣 纳西文化

🥣 纳西族老人

🥣 猪膘肉放置时间长短不一

油和蜂蜜。调料涂抹均匀后就是缝制，将剔好、抹好调料的猪膘肉用大铁针和麻绳将其缝合，缝的部位主要在猪肚、猪脚，缝的针眼约寸长，缝时不仅需要技巧还需要力气，所以一般都是由男子来完成的。缝好以后是晾晒，将猪膘肉放置在太阳下晒上几天或是阴干，将其水分晾干，至此猪膘肉基本做成。因外形颇似琵琶，故又称"琵琶肉"，清《滇南闻见录》有"丽江有琵琶猪，其色甚奇，煮而食之，颇似杭州之加香肉"的记载。

猪膘肉放置时间长短不一，短的两三年，长的甚至达十几年，经历无数个春秋，不少猪膘肉仍保存完好，不会变质。平时想吃的时候割下一块，家有贵客也用猪膘肉招待。猪膘肉的吃法非常多，可煮、可炒、可蒸，看似肥腻，吃起来却很爽口，味醇香，口感好。除日常食用外，猪膘肉常用于祭祀，民间宴席上也少不了它。

猪膘肉一般放在家里的神柜上或灶台后，一个挨一个叠放堆码，有的家里神柜上放满了整条整条的猪膘肉，它是少数民族家庭富有的象征。

山村

寻甸牛干巴

牛干巴是用新鲜牛肉为原料，经过多道工序腌制而成的特色食品，是云南回族为解决新鲜牛肉不易贮存而发明创造的。《中国回族大词典》"牛干巴"条目指出："牛干巴——云南回族风味食品，以寻甸所产品质最佳。"

在云南，牛干巴做法和吃法都很多，最常见的是油炸和炒。油炸的叫"油淋干巴"，出锅的牛干巴香气飘溢、松软适度，炸嫩点柔韧有嚼劲，炸透的则脆香，十分美味，泡在油中的牛干巴可以较长时间保持热度和柔软度。如果是炒，牛干巴可以和青辣椒或干椒等多种食材搭配，也可以和云南野生菌如牛肝菌一起搭配爆炒，绝对是云南一绝。

寻甸牛干巴制作技艺，是寻甸回族人民历经漫长的历史积淀传承下来的一项独特技艺。史载，回族最早进入寻甸

🥣 油淋干巴

🥣 牛干巴是招待客人的上等佳肴

的时间为元朝宪宗四年（1254），距今已760多年。进入寻甸的回回人属于军屯官兵，留居寻甸以后，便有了养牛宰牛制作干巴的条件，干巴的制作技艺在这种情况下逐步形成、完善并一代代的传下来。

寻甸回族牛干巴传统腌制技艺具有浓郁的民族特色，在寻甸的16个民族中，只有回族能完整而娴熟地掌握了这一传统技艺，具有唯一性。回族菜牛喂养方式、宰牛节令、放血方式、分割技艺、腌制晾晒方式等，凸显出寻甸回族人民的聪明智慧。牛干

牛干巴是用新鲜牛肉为原料

牛干巴容易切片

制成的牛干巴排排列于木架上

巴制作技艺传承过程中，还蕴含着的大量回族特色语言、习惯用语、回族攒言子，对研究回族饮食文化有着重要的价值。

制作传统的牛干巴要用本地产的黄牛，经过数月至一年的加料催膘，于每年的"寒露"节令前后，牛最壮，气温最适宜腌制干巴时进行屠宰，分块腌制而成。其制作分为选料、宰牛、分割、晾干降温及排酸、放盐搓揉、入坛腌制、晾晒整形等七个步骤。经过此七道传统工艺腌制出来的牛干巴，其形美、色佳，煎、炸、炖、煮均可，其香味浓郁、入口酥嫩、口感极佳，是寻甸特色菜品的王牌，享誉四方。

寻甸各民族都喜欢食

🥣 牛干巴做法和吃法都很多

🥣 色如粟壳，闻之有香

🥣 清真寺

用牛干巴，通过这一纽带，寻甸各民族之间加强了交流、沟通、学习，为各民族的团结、和谐、发展做出积极的贡献。

鲁甸牛干巴

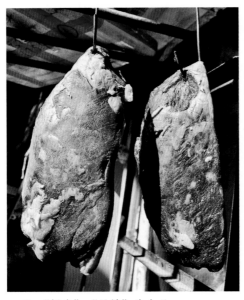

🍚 "饭盒""里裆"为上品

鲁甸是昭通市下辖的县之一，回族人口占16.6%。其制作牛干巴的历史悠久，肉质细嫩，味道鲜美可口，富含丰富蛋白质，营养价值高，食用方便，易保存携带，颇受市场青睐，在回族饮食文化中占有很高的地位。

鲁甸被称为"干巴之乡"，当地生长着享有盛誉的优质壮黄牛，回族群众素有饲养菜牛腌制清真牛干巴的传统手工艺。要腌制色佳味美的牛干巴，必先喂养壮牛。精心

🍚 黄牛

🥢 炸牛干巴

🥢 煎干巴片味香醇酥脆

🥢 牛干巴做法和吃法都很多

🥢 厚牛干巴

喂养的牛毛光水滑，膘肥体壮。入冬，按照传统习惯由阿訇下刀宰牛后，经放血、剥皮、开膛、分前、后两半截上挂，然后顺着肉缝，剖成24块"骨施特"（即净肉），可腌24块牛干巴，即12对，菜牛部位分镰刀、火扇、外白、里脊、肋条、胸子、墩子等，"饭盒""里裆"为上品，割下的肉铺在通风处凉透进行腌制。制成的牛干巴排排列于木架上，块型齐整，色如粟壳，闻之有香，好的干巴可留至来年冬季味道不变，是招待客人的上等佳肴。

鲁甸牛干巴是回族清真传统美食的代表，肉质细嫩，容易切片，食用时煎煮均可，尤以香油煎吃为妙，煎干巴片味香醇酥脆，油而不腻，香味令人垂涎欲滴，乃酒席上的佳肴，具有清真传统饮食文化的丰富内涵。

石屏人的幸福生活

石屏原县政府

豆腐是中国人发明的，至今已有2100多年历史，可称之为国粹。我比较喜爱吃豆腐（听起来会产生歧义的联想，好像暗指俚语所言占了不该占的便宜，当然多指男女间

🥟 石屏豆腐是长方形成块的

分寸失当。而事实决非如此，吾之爱，纯粹是舌间味蕾的享受）。

红河州有两个地方豆腐最有名，一是石屏，二是建水。石屏县是个好地方，山川秀丽、自古重教兴文，素有"文献名邦"美誉，云南历史上唯一的状元袁嘉谷就是石屏人。

生在石屏的人是有福的。且不说从小浸淫着浓郁的文墨书香，感受着厚重的历史文化，单从口腹之欲这基本的生理需求来讲，就让人产生了无限的向往：石屏的煎鱼、杨梅、鲜藕、豆腐等各具特色，而最让人难以释怀的是石屏豆腐——确切地说，是石屏烧豆腐，每每想起会忍不住咽下口水。

在石屏，豆腐不是用石膏或卤水点制，石屏豆腐是用本地的特殊有酸涩味的井水

点制而成，韧性强，烘烤时容易膨胀。

石屏人什么时候开始用井水点豆腐？现在已找不到确凿的记载。据成书于清初的《石屏州志》分析，应该是明万历年间石屏开始凿井之后的事。当地有几种不同版本的井水点豆腐的优美传说：有媳妇背着婆婆偷煮豆浆，慌乱中把豆浆倒入了盛酸井水的瓦坛，无意中点成豆腐的故事；有"豆腐西施"做豆腐时，误把缸中洗院子的酸井水当成石膏点入豆浆中，做成豆腐的故事；还有龙王三太子为感谢好心的石屏人，为石屏变出五口"神泉"的故事等等。不管哪种传说，石屏井水点豆腐比用卤水、石膏点制的豆腐还要鲜嫩是不争的事实。这个偶然发现，使石屏豆腐以其独到的制作方式

🍲 石屏烧豆腐

🍲 石屏豆腐多半是烤着吃　　　　　🍲 石屏豆腐撕着吃才有味道

1919年冬在昆明得福巷寓所摄

云南唯一状元袁嘉谷

袁嘉谷故居

和别具一格的口味，很快名闻遐迩，至今流传了数百年。末代状元袁嘉谷曾撰文道："（石屏）城内有酸水数井，涩不可饮，用以点豆腐味极佳。"

有人曾做过试验，把石屏能做豆腐的井水用瓶子装好带回去，却怎么也做不出豆腐来，这不能不说是个谜，有人戏称石屏豆腐是带不走的石屏专利。

石屏豆腐是长方形成块的，多半是烤着吃。俗话说得好，心急吃不了热豆腐。石屏人烤豆腐很有讲究，摊主手握一把篾扇子轻轻摇晃，炭火忽明忽暗，豆腐随火慢慢膨胀，烤出来的豆腐皮黄而不焦，清香四溢，用手撕着吃才有味道。把烤的泡胀的豆腐撕成小块，蘸上花椒、辣椒、盐、味精等配料，冒着热气送入口中，一边嘶嘶地吸气，一边让舌尖感受豆腐的鲜、香，佐料的麻、辣，若再喝上一杯老白干，赛过活神仙。

漫步夜晚的石屏街头，你可发现石屏人吃烤豆腐真是一道奇特的景观，无论街头巷尾还是集贸市场，随处可见摆着架炭炉的矮方桌。在文庙前的街面上，更是满街都是烧豆腐，浓郁的香味萦绕着整个古城。

有文人写下了这番场景的感受："眉柳叶，面和气，手摇火扇做经纪，婷婷火盆立。酒一提，酱一碟，馥郁馨香沁心脾，回味涎欲滴。"

眉柳叶，面和气

建水西门豆腐

　　建水县与元阳县隔红河相望，是从昆明去元阳梯田的必经之地，因此我们多次到过建水。

　　建水县古称临安府，虽只是滇南一隅的一个小县，但文化底蕴深厚，素有"文献名邦""滇南邹鲁"之称。建水东门有座朝阳楼，建成于明洪武二十二年（1389），造型酷似天安门，但比北京天安门（始建于1417）还早28年。虽历经多次战乱和地震，屹立600余年不倒。它是建水历史悠久的主要标志之一，亦是祖国边陲古老重镇的象征。

🥣 烧豆腐

🥣 建水朝阳楼比北京今天安门还早 28 年

🥢 临安府出了 67 名进士

🥢 休闲建水

　　建水尊师重教，人才辈出，从明代的正统七年到清光绪二十年的452年中，临安府出了67名进士，占了云南科举考试上榜者的半数左右，所以有"临半榜"之称，为云南之冠，在全国亦不多见。

1

众多的古井是建水县城的一道景观，一眼，二眼不稀奇，三眼四眼井则在别处不多见，算得是建水特产了。这些古井的井壁被磨得

古井是建水的一道景观

溜光，石头井筒被绳索拉出道道深痕，无言诉说着悠久的历史。虽然自来水早已进入千家万户，但古井大都还在使用，有的石制井筒被大城市有眼力的人买走，拿到城市新建小区作了园林景观的装饰，倒也别有风味。

说到建水的西门豆腐，就不得不说西门两口有名的水井——大板井和小节井。西门大板井，史书称"溥博泉"，是建水首屈一指的名井，坐落在西城外梨园街西头地势低洼的方。《云南通志》载："溥博泉在建水城西半里，俗称大板井，水洁味甘，供全城之饮。"

豆腐汇

烧豆腐

建水孔庙

建水孔庙规模仅次于山东曲阜孔庙

2

建水的烧豆腐闻名遐迩，与石屏豆腐各有千秋。县城的街巷、菜市、夜市、旅游景点的烧豆腐摊人来人往，熙熙攘攘，成为古城的一道亮丽风景线，除本地人外，也吸引着南腔北调的各地游客。吃块烧豆腐，喝口小酒，享受古城的夜生活，十分惬意，也是建水最有地域性的"市井生活"。

与石屏豆腐的长条状不一样，建水

🥣 建水烧豆腐

烧豆腐小巧玲珑，约一寸见方。置于炭火上烧豆腐的铁屉很大，豆腐堆在一角，烧时刷些油在豆腐表面，豆腐油黄油黄的。食客围坐烧烤摊前，火上熟一个，拣食一个，摊主再从豆腐堆上拨入生豆腐继续烧上，源源不断。豆腐经火烤熟，逐渐膨胀成圆球状。咬一口，热气从蜂窝状小孔中散出，香味扑鼻。吃烧豆腐调料有干料和潮料两种，干料为干焙辣椒和盐，潮料为腐乳汁。豆腐浸泡入潮料，小孔中吸满了腐乳汁，嚼之美味独享，有人可以一口气吃数十个。

3

在建水吃烧豆腐计数很有意思。摊主一只手握扇煽火，另一只手麻利地翻转烧豆腐，食客围炉而坐，看见有烧熟的豆腐就用筷子或者直接用手抓起一个，每吃一个豆腐，摊主腾出一只手飞快地扔粒包谷在罐中，烧豆腐摊上"当当"声不绝于耳，甚是有趣。待吃完结账，倾罐中之包谷粒计数收款，买卖公平，还有"撒豆成钱"的意味。

民谣云："云南臭豆腐，要数临安府。闻着臭，吃着香，胀鼓圆圆黄灿灿；四棱八角讨人想，三顿不吃心就慌。"

4

　　云南著名词作家蒋明初、曲作家万里、李昕潮到建水采风后，创作了建水方言说唱《西门水烧豆腐》，便是从建水"市井生活"的真实画面提取后发展而来，作者抓住烧豆腐是用西门大板井井水做出的关键点，将卖西门水与做豆腐的人物紧密结合后延伸发展，对西门水与烧豆腐的味道则采用了夸张式的艺术手法，其中有一段这样唱：

来到建水饱口福，

口福嘞要数，要数烧豆腐。

豆腐一烧满天香，

玉皇大帝闻见嘞坐都坐不住！

许儿儿吃啦你的烧豆腐，

学习努力，能刻苦；

活泼乱跳，跳跳身体好，

考取那个清华北大天天有进步！

老倌儿倌儿吃了我的烧豆腐，

安神补脑，清热毒；

心明眼亮，牙齿牙齿好，

能爬山来能过河还能走夜路！

小伙子吃了你的烧豆腐，

不长油肚，长骨头，还会长肌肉；

个个吃成，吃成一棵葱，

人人不愁讨媳妇，不愁讨媳妇！

倘塘黄豆腐

　　我是先吃过黄豆腐而后认识倘塘的。以我们的常识，豆腐都是白的，倘塘豆腐却很"黄"，看之，娇嫩柔软，色彩诱人，想咬一口；食之，滋嫩劲道，满口留香。在宣威菜系里，黄豆腐不可或缺。

　　倘塘黄豆腐有三绝：用独有的天然黄石碴山泉水磨制为稀；以古老的加工工艺制作，线栓晾挂称奇，以当地农作物姜黄煮染为美。它的"稀、奇、美"独具特色，色、香、味、形俱全。

🥣 一串串晾晒的黄豆腐形成了独特的风景线

🥣 倘塘镇

因为黄豆腐，一直想到倘塘看看。热情豪爽的曲靖市餐饮行业协会毛加伟会长是个好哥们，说走就走，他亲自驾车送我们去倘塘。那地方已经到了云贵两省结合处，从宣威出发有43公里，路虽不远，但山道弯弯，得走1个钟。

倘塘人

1

倘塘是个小镇，历史悠久，古南方丝绸之路穿境而过，今还有古驿道400余米，是云南出省入滇的重要门户。

有资料说，明洪武十六年，倘塘为后所屯铺堡，后设驿丞署；清雍正五年倘塘始设可巡检衙署；民国二年，改设倘可县佐署，1998年撤旧制建倘塘镇，镇机关院内还完好地保存着明朝洪武十六年所建的"倘可巡检衙署"。

倘塘黄豆腐色泽金黄

漫步倘塘古驿道，民房檐口、农贸市场周边的商铺，一串串晾晒的黄豆腐形成了独特的风景线——农家妇女全神贯注打理着金黄色的帘子，恰似一幅幅立体的豆腐西施

黄豆腐鲜嫩滋润

图。锅里用姜黄煮制的豆腐飘香大街小巷。豆腐，不只是一种单纯的食品，它早已融入小镇的历史文化。

2

史载，明洪武年间随明军入滇的南京籍200余户秦、李氏汉人驻扎倘塘，带来了中原做豆腐的技术，改变了土著居民食用豆渣弃其浆的历史，其制作工艺沿袭至今已逾300余年。倘塘黄豆腐色泽金黄，常见的约寸余见方，大的可盈掌。黄豆腐鲜嫩滋润，丝直肉实，质脆味香，切片、切丝、煎炒或凉拌均可，有"云南十九怪——倘塘黄豆腐拴着卖"的美誉。

如今的人特别重视食品安全，这黄豆腐之"黄"我此行最为关注。原来，当地居民为了使豆腐的颜色看起来喜庆，利用本地农作物"姜黄"为豆腐煮沸上色。姜黄属

☐ 姜黄粉

☐ 三煮三挂

☐ 用姜黄为豆腐上色

多年生草本植物，具有良好的药用价值。在回归草本的风潮中，姜黄是一种受到现代医学及传统医学双重支持，且具有完整药效、纯天然完全无副作用的"药食两用"植物，具有降低胆固醇、抗氧化、延缓机体衰老等多种药理功能。

🍲 倘塘黄豆菜肴

3

在街上看到的都是拴着卖的黄豆腐，生产豆腐则是在各家各户，门口并无任何标志，没有熟人指路很难找到。加伟兄弟多次陪媒体来采访，对倘塘很熟。他带我们走进一个作坊，屋里几个妇女正手脚麻利地做豆腐，很热情地招呼我们。

闲谈中得知，制作倘塘黄豆腐须经过泡豆磨浆、烫浆滤渣、酸浆点制、包块成形、火煮染色、上串吊挂等六道工序，每道工序都是绝活，其"上串吊挂"是倘塘黄豆腐的最大特色：用细麻线从每块豆腐横面拴挂，块间用玉米轴子间隔；待豆腐块晾脱水，取下再添盐复煮。经过三煮三挂后，豆腐两面"十字"显现，香味沉淀下来，不但可以"拴着卖"，就是从高处摔下也不破损。

4

风味浓郁的黄豆腐块小成方，色泽姜黄，十字图案，质脆味鲜、清香诱人，可炒、煮、煎、烤、冷食等。生食黄豆腐，质地脆实，味道甘美；配菜炒食，其香盈盈；成块煎食，油而不腻，温润不火；烧烤干蘸，别有风味；拼盘佐餐，色泽吸引眼球，惹人喜爱。

🥣 生产豆腐是在各家各户

🥣 豆腐包块成形

🥣 豆腐两面"十字"凹现

　　唱山歌是云南少数民族一大特色，当地也流传着这样的曲调：

　　　　　　小小豆子圆又圆，做成豆腐卖成钱；

　　　　　　酸浆点来姜黄煮，有人说我生意小，

　　　　　　小情哥哟，我小小生意赚大钱。

　　其二

　　　　　　年年有个六月六，包谷不出豆子出；

　　　　　　小妹别说赌气话，黄煎豆腐赛腊肉（云南人发音 ru）。

🍲 吉庆祥门店

吉庆祥云腿月饼

　　如今50、60后的一代人，小时候经历过困难时期，物资供应匮乏，米、油、糖、肉等等都要凭票购买、定量供应，饥饿与食物的单调粗劣，深深地烙在了那代人的心中。那时昆明孩童翘首以盼的，是中秋节可以吃上吉庆祥的火腿月饼。吉庆祥的月饼品种较多，有火腿红饼、硬壳火腿、麦串，白糖、洗沙、玫瑰、枣泥、麻仁等。每到中秋节，吃过简单的晚饭，一家人围桌而坐，把月饼切好放在盘子里，再把削好的梨

　🥠 民国时期吉庆祥

切成小块，共度佳节。这时，嘴馋的孩子三两口就吞下肚，眼巴巴望着盘子。大人们舍不得吃，往往是把自己那份又给娃娃吃。节后几天，同学们都会把不同品种的月饼带到学校，下课时相互交换、分享，"吉庆祥"在我们的心里留下了甜蜜而温暖的记忆。

🥟 吉庆祥糕饼

1

　　"吉庆祥"是昆明的老字号。清朝光绪三十三年（1907），与合香楼有姻亲关系的昆明人陈惠泉、陈惠生兄弟（两人的小名分别叫小庆和小祥），在得到妹婿袁吉之的资助后，各取三人名称中的一个字"吉庆祥"，在昆明华山南路西口创立了吉庆祥糕饼铺，前店后厂，由陈惠泉经营。并请画家胡应祥设计了商标，商标中的"戟"和"磬"取"吉庆"的谐音，表达了吉祥、欢庆、团圆之意。

🥟 吉庆祥老商标

🥟 吉庆祥包装盒

　　吉庆祥创立后，以制作滇式糕点为主，主要产品有点心、饼干、糖果等，生产很火红。吉庆祥生产的众多滇式糕点中，最为著名的当属火腿月饼，民间称之为"四两坨"。相传，明末清初南明永历皇帝退居昆明后，终日忧愁，不思饮食，一位御厨别出心裁地选用宣威火腿精肉丁，混以蜂蜜、白糖包馅，称之为"云腿包子"。因其香浓味醇、甜咸适宜，皇上享用后，龙颜大悦，遂列为御膳。南明王朝灭亡后，云腿包子由宫廷传入民间，由蒸制改为烘焙。

2

　　昆明最早的糕点铺是"合香楼"，坐落在今如安街。合香楼的开创者胡善、胡增贵父子原系东北满族库雅拉氏，属正蓝旗，两代人都曾在宫廷任过厨师，是为"御厨"。胡增贵擅长白案（面食）。清代"御膳房"下设五局：荤局、素局、饭局、挂炉局和点心局，胡增贵当时就在点心局。咸丰初年（1851年前后），胡善父子跟随委任为云南巡抚的舒兴阿到昆明，在抚台衙门任大厨。七年后，舒兴阿离职回北京，胡善父子未随返回，于是在巡抚衙门旁的西院街（今如安街）开设"合香楼"，时为

🥟 云腿月饼原料

🥣 吉庆祥"非遗"传承人

🥣 "火腿四两坨"

🥣 酥皮"火腿四两坨"

1858年。合香楼滇式糕点的名特产品出现以后，滇式糕点的产品样式趋向于定型，并逐渐形成了一个行业，在这个行业中，合香楼在将近一个世纪中雄居首位，成为行业翘楚。

3

由合香楼领军开创的滇式糕点行业，到20世纪三四十年代达于极盛，这个行业中但凡有些名望的糕点楼，包括"吉庆祥"都与合香楼有种种关联。介正所谓"盛极而分""泰极否来"，1944年合香楼大家族分解为4个独立的厂店。而这段时间，后起之秀吉庆祥异峰突起，引进了西式糕点饼干，又对滇式糕点做了改进与提高。经30余年的磨砺与奋斗，"吉庆祥"声誉逐渐压盖"合香楼"，在华山南路的经营点成为昆明市各糕饼铺铺面最大的一家，其制作的中秋月饼，一个月的利润就能维持一年的收入。合香楼的"黄金时代"已经过去了。让人在感慨中不免嘘唏。

4

因与合香楼有姻亲关系，"吉庆祥"在充分继承和发扬合香楼满式宫廷糕点选料认真、制作精细、式样精美、香甜适度、口感舒适等特点的基础上又兼收并蓄，创立了滇式糕点，产品问世后就爱到省城各级官府和各界人士称赞，并迅速传遍各地州县和省内外。

吉庆祥的火腿月饼，集贵香楼稀馅火腿月饼与合香楼干馅火腿月饼之长，精选原料，制成外一层硬壳，内千层酥皮裹馅的硬壳火腿月饼，入口酥、松、脆、软，咸甜适宜，油而不腻，声名日重。

凭着良好的声誉，硬壳火腿月饼声名远扬，口碑绝佳，成为百姓必备的节令食品。当年，与云南接壤的越南、缅甸、泰国的富豪人家，专门雇佣马帮，人背马驮，途经茶马古道，不避旅途艰辛，亲自来昆明采购吉庆祥的硬壳火腿月饼，驮回家后，供中秋节

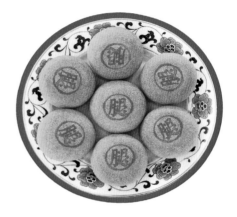

🥢 吉庆祥云腿月饼

🥢 云腿月饼

与家人享用，以示身份。民国年间，为了保证中秋节期间吉庆祥的硬壳火腿月饼的供应，时任云南省主席的龙云还特地派军队到吉庆祥门市保卫，保证原辅材料的供应，维持购买硬壳火腿月饼的秩序。

丽江石头城

丽江永胜水酥饼

🥣 豆沙馅水酥饼

　　永胜是丽江下辖的一个县，永胜之名，来源于元代设置的北胜州（府）及其属州永宁州。明洪武二十九年（1396），湖广等地官兵及其家属万余人屯田定居此地，因而永胜至今尚有众多以官、伍、营、所、军称谓的村名。

　　水酥饼，永胜县的一个特色小吃，它孕育百年的故乡味道，每逢中秋，争相购买"清香斋"水酥饼过节已成为永胜县街坊的一件大事。

　　永胜县大部分都是湖广过位来的移民 很早就有人在做糕饼，周玉华的爷爷杨树轩跟随糕饼艺人庞师傅学艺，后创办"清香斋"。清香斋水酥饼创始于1915年，历经沧桑，凝聚着4代人的心血与传承，在清香斋老当家杨芳桃的记忆中，永胜南街还叫正南街的时候，她跟着父亲杨树轩在福生客栈的走马转角楼上售卖清香斋的点心。民国24年，父亲专门标签刻版，开始自己印刷"清香斋"包装纸。刻版一直保留下来，由杨芳桃交给儿子周玉华传承。这块刻版上，杨树轩老人提出的"不惜工资购办上等料品"成为后人遵循的家训。

水酥饼色香味美、可口，易于消化、吸收，老少皆宜，酥滑不腻，包装精美，食用方便。形状有大、中、小、圆；色泽有白、黄两种；馅料有火腿、白糖、蜂蜜、玫瑰、伍仁、红豆等，是日常生活中当地人最喜爱的甜点。世事沧桑，斗转星移，水酥饼味道依然保持着百年前的风味。

水酥饼的制作完全由人手工操作，机器无法替代，因为只有用人的双手加以感情融入，才能烘焙出最爽口、最酥滑、最感动的味道。其制作工艺流程为：精选食材、制面团、团圆饼、浸泡、烤制、包装，其中最重要的就是浸泡和烤制，这也是"水酥饼"名称的由来。

在采访周玉华时，他给我展示了家传的"清香斋"印刷木版，作为水酥饼制作技艺的"非遗"传承人，周玉华深感责任重大。他说，水酥饼不仅是地方的文化，更是

🥣 周玉华展示家传的"清香斋"印版

🥣 "清香斋"印版

☖ 永胜金沙江大桥

☖ 入水浸泡

☖ 浸泡是水酥饼特色

民族的传统，将水酥饼技艺发扬光大，让各地群众、各民族同胞以及全国人民了解水酥饼，是我一生乃至下一代传承人的夙愿和使命。我们始终遵循两点，一是在保持传统文化的基础下，不随意改变水酥饼的口味、配方和外形，因为只有这样，在人们心中水酥饼的记忆才是最宝贵的精神财富；二是在市场环境的快速变化中，增加水酥饼口味，采用一些当下流行以及大众喜爱的馅料作为新品的研发，在原有70克标准的水酥饼基础下，增设30克小饼一口酥，能让人们吃得酣畅淋漓。

基于这样的认识，清香斋水酥饼遵循老祖宗传下的祖训，质量终年如一日，百年味不变。口味的始终如一，得到了消费者的认可。

这几年，为了让更多人分享这门技术，分享这个美味，分享这份情义，周玉华带着水酥饼北上南下，去过四季如春的昆明，"风花雪月"的大理，热带风情的西双版纳，高原唯美的香格里拉，九省通衢的武汉，以及"东方之珠"的香港。一路前行，将水酥饼文化带到全中国。周玉华说，只有这样，这门祖上传下来的文化瑰宝才能得以保护，才能得以传承、得以发展。

丽江永胜水酥饼

🥣 水酥饼制作是手工操作

　　在继承老一辈传下来的技艺时，将其无私传授给左邻右舍，形成永胜县群众"家家会做""人人吃过"的现象，周玉华正在努力。他们制定了更严谨的生产标准，规范员工的操作，使水酥饼能在一个干净、卫生、明亮的环境中发酵，以最完美的姿态展现在消费者的眼前；原材料的选择和配比也是重要的环节，经过多年的摸索，清香斋研制出了一套最适合人们口味的配方。

　　"水酥饼是永胜县地方特产，让它的饮食文化绚丽绽放在祖国的每一个地方，走得更远，更广，是我们一生要去追求的夙愿。"周玉华充满感情地说。

昆明光华街

酱油酿造

1

　　酱油，中国人生活中离不开的一种传统调味品。我上小学时，奶奶有时会给我5分钱去"打"拓东酱油。过去酱油是散装的，盛放在陶缸或木桶里的，酱菜铺用玻璃杯口粗的竹子制成有长竹柄的"提"，5分1提。提着酱油瓶回家时，我会下意识地用手指在瓶口抹抹放进嘴里解馋。如今年过半百的50、60后，当年吃酱油拌饭都是一种奢望。因为困难时期大家都很穷，酱油拌饭曾是我成长记忆中难忘的味道。

　老昆明拓东路

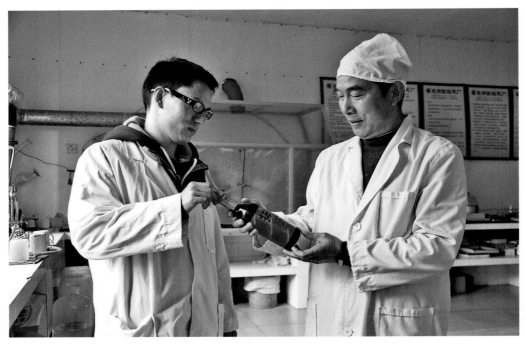

🥣 拓东酱油

酱油俗称豉油，是从豆酱演变和发展而成的，主要由大豆、小麦、食盐经过制油、发酵等程序酿制而成的，色泽红褐，有独特酱香，滋味鲜美，有助于促进食欲。酱油的鲜味和营养价值取决于氨基酸态氮含量的高低，氨基酸态氮越高，酱油的等级就越高，品质也就越好。

据《昆明商源志》记载，民国时期，浙江商人带着当地酱油酿造技术来到昆明，一时间大大小小的酱园在昆明四处开花，昆明人也很快爱上了酱香浓郁、味道鲜美的酱油，各酱园的生意日益红火起来。1956年公私合营，政府将当时有名的几个酱园整合起来，组成国营大陆酱菜厂。由于大陆酱菜厂的厂址位于拓东路上，又是前店后厂的经营模式，昆明人就把从那里购买的酱油称为"拓东酱油"，时间一长，"拓东酱油"的名字也就叫了开来。

2

中国古代汉族在数千年前就已经掌握酿制工艺了，3000多年前的周朝就有制作酱的记载。古人发明酱油酿造纯属偶然，原来是古代皇帝御用的调味品，最早是由鲜肉腌制而成（与现今的鱼露制造过程相近）。肉剁成肉泥再发酵生成的油，称为"醢"（即肉酱油之意）；另有在造酱时加入动物血液的版本的酱称为醢。《诗经·大雅·行苇》有"醓醢以荐"句。黄兴宗认为《齐民要术》内所指的"豆酱清"，可能是植物酱油的前身。酱油因为风味绝佳渐渐流传到民

拓东路上排队打酱油

间，后来匠人发现用大豆制成风味相似且便宜，因而广为流传和食用。

　　而中国历史上最早使用"酱油"名称是在宋朝。宋朝人将加工酱和豉得到的各种酱汁，称为酱油，作为调味品开始在中国的饮食中流行。"酱油"一词曾出现在南宋两本著作中：林洪著《山家清供》中有"韭叶嫩者，用姜丝、酱油、滴醋拌食"的记述；《吴氏中馈录》记载用酒、酱油、芝麻油清蒸螃蟹。此后，酱油一词还出现在1360年《云林堂饮食制度集》，元《易牙遗意》，1591年《饮馔服食笺》，1680年《食宪鸿秘》，1698年《养小录》。到清代，酱油的使用远超过酱，在1790年《随园食单》中酱油已经取得重要地位。此外，古代酱油还有其他名称，如清酱、豆酱清、酱汁、酱料、豉油、豉汁、淋油、柚油、晒油、座油、伏油、秋油、母油、套油、双套油等。

妥甸酱油

　　妥甸镇是楚雄州双柏县政府所在地，其妥甸酱油闻名于世。妥甸酱油浓香四溢，色香味俱佳，在广大消费者中遐迩闻名，有口皆碑，享有极高的盛誉，早在几百年前，云南就有

妥甸酱油熬制

"妥甸酱油禄丰醋，新兴姑娘河西布"的民谣。

相传明朝洪武年间，刘登第率部镇守妥甸，由于妥甸闭塞偏僻，生活用品奇缺，加之初来乍到，饮食不适。刘登第之妻身怀制作酱菜的祖传工艺，便利用妥甸登高山小龙箐之水，用黄豆、小麦、食盐捂制豆酱，并配制少量的酱油作为自家的饮食调味品。豆酱和酱油一经问世，立即受到了官兵的喜爱，并在当地迅速流传开来。据《双柏县志》记载："该产品创始于明洪武十五年，距今已有600多年。清咸丰年间，在民间手工作坊少量生产形成商品，被作为宫廷宴席的调味珍品，久负盛誉"。

中国酱油之制造，早期是一种家传的秘密，其酿造多由某个师傅把持，其技术往

🥄 双柏县彝族仍保留着十分原始而又完整的虎图腾崇拜

🥄 妥甸酱油至今已有 600 余年历史

🥄 妥甸酱油经过长达 18 个月的低温自然发酵而制成

往是由子孙代代相传或由一派的师傅传授下去，形成某一方式之酿造法。

拓东甜酱油

酱油以咸味为主，"甜酱油"为云南独有并堪称一绝，是以黄豆发酵制成酱醅后，配加红糖、饴糖、食盐、香料等制成。甜酱油色泽红褐或黑褐、清亮，甜咸适口，酱香醇厚，酱汁黏稠，香气浓郁，味道鲜美，是烹制滇菜不可缺少的独特调料，昆明许多美食都少不了它。昆明小锅米线、小锅卤饵丝少了甜酱油就不地道；凉米线、凉拌豌豆粉、滇味豆豉鱼、千张肉、牛肉冷片等也要用甜酱油；特别是昆明的牛肉冷片，吃时是一定要蘸甜酱油的。曾在昆明西南联大就读的汪曾祺老先生写道："冷片也是同样旋切的薄片，但整齐地码在盘子里，蘸甜酱油吃（甜酱油为昆明所特有）。"

甜酱油只是滇味美食中的一个小配料，但它承载着滇味美食最深的记忆和底蕴。笔者在采访中得知，限于技术等诸多原因，云南生产甜酱油的厂家虽有，但都是散装，目前只有昆明拓东酿造总厂能生产瓶装甜酱油。

◓ 拓东甜酱油

文山

酿醋技艺

　　醋，中国古称"酢""醯""苦酒"等，据文献记载，中国酿醋历史至少在三千年以上。

　　"柴米油盐酱醋茶"，醋是平民百姓每天为生活而奔波的七件事之一；醋，也是中国各大菜系中的传统调味品，在中国菜的烹饪中有举足轻重的地位，常用于溜菜、凉拌菜等，西餐中常用于配制沙拉的调味酱或浸制酸菜，日本料理中常用于制作寿司用的饭。另外，醋还具有保健、药用、医用等多种功用，"吃醋"则比喻在男女关系上嫉妒心强的人。

🥣 醋坛

禄丰香醋

"通海酱油，禄丰醋，新兴姑娘，河西布"，这是句早年传遍云南各地的老话。"禄丰醋"指的就是楚雄州禄丰县纯手工酿制的香醋。

一个偶然机会，我顺便到禄丰香醋厂采访。厂门口"食禄丰香醋，走健康之路"的宣传标语格外醒目。这是个星期天，工厂只有值班的师傅在。我只能走马观花地转了转，拍摄了几幅照片。同行的朋友介绍说，禄丰香醋的前身是390多年前的"禄丰帛醋"，有着古老而源远流长的历史。相传在明朝天启年间，禄丰金山岔河村的醋农陈贵福根据自己多年的酿醋实践，学习其他酿醋师傅的经验，以洁净帛布浸泡于醋中，再把饱吸醋汁的帛布晾干，使醋液结晶于帛上形成干醋。食用时，根据用量剪下一块帛布，放入水中浸泡，干醋就变回液态醋食用，即用即浸，其质不变，味美如初。这样一来，干醋较之于液态醋，大为方便了运输，禄丰香醋便随着"山间铃响马帮来"的滇古驿道和茶马古道走遍滇西、滇南等云南大地及周边国家，最后远送到京城。据《南明野史》记载：明崇祯年间，禄丰籍的王锡衮在朝为官，官拜东阁大学士，他曾将"禄丰醋"

食禄丰香醋，走健康之路

老厂

禄丰醋成品罐

酿醋后废料

禄丰醋家族

作为贡品带进宫廷，上贡朝廷，作为皇帝的御膳调料。清康熙年间，"禄丰醋"被《云南府志》列为名特优产品，久负盛名；2013年，禄丰香醋被省政府列为云南省第三批非物质文化遗产保护名录。

滇菜烹饪大师蒋彪先生不遗余力地推荐禄丰香醋，呼吁滇厨做菜时都来用禄丰香醋。他说，禄丰香醋被日本人买去后，做成小包装当保健品卖到欧洲，由此可见"食禄丰香醋，走健康之路"并非言过其实。

昆明的超市大都能买到禄丰香醋，这是本土的优质产品，货真价实。

🍲 文山壮族

剥隘七醋

　　剥隘，文山州富宁县的一个镇，"剥隘"为壮语谐音，"剥"（卜）意为"父亲"，"爱"为女儿之乳名，"剥隘"即为"爱"的父亲。剥隘地名历称多变，宋代称隘岸，以隘口河岸得名；元代称剥隘，意为剥离关隘；明代称博隘，意为博大关隘；清代后民间有博爱、百爱之名；建国后统称剥隘，有水、陆两路码头，素为滇桂通商要口。

　　剥隘七醋酿造历史已有300多年，在明代刘清扬所著的《多能鄙事》中就有记载。剥隘七醋有着特殊的酿造方法，它是以糯米为主要原料，用剥隘小河的河水经过泡米、发酵和搅动三个过程，每个制作过程均需七天时间，故称"七醋"。

"剥隘七醋"酿造过程中有七个"七"的要求:一是每月农历初七所接的水为酿造之水,告别是正月初七接的水最好;二是酿醋的糯米要浸泡七天,少一天多一天都不行;三是搅拌原料时,每次要左搅七下、右搅七下;四是糖化时必须要经过三个七天,少一天多一天都不理想;五是每年投产都在农历三月初七开始;六是每年结束都在农历七月初七结束;七是生产周期为七七四十九天,故得名"七醋"。

剥隘七醋色泽棕红,酸味柔和、绵甜爽口、醇正清香、余味回甜,深受当地群众的喜爱,是制作凉拌菜肴不可或缺的调料。在烧烤鸡、鸭、鱼、肉时,用其均匀地抹于其表皮,烤熟后具有皮脆肉嫩的特点,因而当地流传有"无七醋不宰鸡杀鸭"之说。此外,剥隘七醋加入御苁蓉,玉竹等的16味中草药为辅料,具有丰富的营养和独特的保健功效,有防治感冒、消炎杀菌的功效,久存而不变质。

🥣 剥隘七醋醇正清香

🥣 剥隘(姜铭林 摄)

下村麸醋

保山市隆阳区有两个叫得响的餐饮品牌：下村豆粉、下村醋，二者关系密不可分。当地人说，下村豆粉之所以让人回味无穷，关键是有了下村醋。

下村麸醋属于中国三大制醋方法中的酿米醋，源于有名的四川麸醋，又经不断融合保山当地酿醋方法而形成。保山酿醋的历史可上溯东汉时期哀牢归汉以后，从内地沿"南方丝绸之路"传入当时的永昌。北方传入的制醋方式与永昌当地人文世俗的不断融合与改进，遂创造出了不同于镇江米醋的独具特色的下村醋，它既不同于其他三大名醋，也有别于四川麸醋。

🥣 胜香斋

聂承龙与父亲聂鸿振合影

狗年的早春二月，在保山市餐饮行业协会杨会长陪同下，我们来到了下村"胜香斋"聂记醋庄采访，如今由第六代传人聂承龙经营。

清道光年间，聂家先祖赴四川做生意时，在对四川麸醋进行细致考察后，决定拜师学艺。后经3年学徒，1年谢师的艰辛历程，终于学成并将麸醋酿造技术带回了保山，在板桥赵官屯家中酿制成功后，定名为"五香齐醋"。这种麸醋是以麦麸、大米、泉水为主要原料，以中草药药曲为糖化发酵剂，经过多道独特工艺的酿制而成，其味道独具一格，色正味醇，酸味醇厚，味液香而柔和，回味甘甜。当年聂家以肩挑醋担进村入户，沿街叫卖的形式开始了醋业营生，至今已有近200年历史。现存"胜香斋醋庄"老字号在聂家第三代传人聂文林主持下挂牌创办，至今已逾百年。聂家第四代传人"聂老五"聂佩章聪慧过人，学艺刻苦，深得父亲宠爱，酿醋技艺也得真传，在保山酿醋行业中名气最大。当时在保山城，一提起醋老板"聂老五"的名号，大家无不伸出拇指大加赞扬，聂家的麸醋不仅远销南京、上海、昆明，还出口到缅甸、老挝等东南亚国家。

1942年5月4日，日军飞机轰炸保山城，并丧心病狂地投下了细菌弹，使保山坝大面积暴发霍乱和鼠疫。在当时药物匮乏，医疗条件极差，疫情不断蔓延的情况下，城里的老中医建议民众购买下村"胜香斋"麸醋饮用，以控制病情，预防传染。城乡病患人家听到这个消息后，都拥至下村，争相购买麸醋让病人服用。面对众多贫困交加的家庭和一双双求助的眼神，"胜香斋"老板慷慨解囊，拿出几乎全部的存醋，为每位患者免费提供1斤麸醋，以缓解病情，一些身体强壮症状较轻的患者食醋后病情明显好转，瘟疫传染的速度也有所减慢，"胜香斋醋庄"施醋救难的善行义举至今还传

为佳话。

　　"胜香斋"传统麸醋的主要原料是中草药，其中最特殊的一味是乌头（炙），以及大米、麦麸、泉水等精制而成。第6代掌门人聂承龙说，保山中草药资源丰富，"一屁股能坐到三颗药"。药材经过切剁、配比、拌料、混合、压制、发酵等工序，历时1个月，最终做成下村传统麸醋的核心原料——百样草醋曲，因而"胜香斋"的百草醋是麸醋中的翘楚。

　　"麸醋以大米为原料，煮成稀饭放入醋曲发酵21天后，拌入麦麸中再次发酵，最后制成醋"，聂承龙介绍说。

　　下村传统麸醋的工艺流程是：采集药曲—药曲发酵—晒干备用—煮稀饭（发酵液）发酵—发酵液拌麦麸（再次发酵）—炒糊米（提色）—上缸过滤—熬制—冷却—成品。在整个工艺流程中，从煮稀饭发酵到成品长达21天，共9道工序。下村麸醋将食品与药材有机结合，经过叠加酿造，既丰富了醋品酸味适口的美味，又保持了中草药的医疗、保健效果，走出了一条食中有医，医食双赢的路子，在探索调味品与医疗保健相结合的领域上彰显出较高的科研价值。

○ 醋曲

传统的下村麸醋有着多种名号——由于味道酸中带甜，醇厚含香，如吃橄榄一般酸甜回甘而被称为"甜子"；又因为最后要倒入大铁锅中升华熬煮故被称为"熬醋"；还因为选用了百余种中草药发酵制曲酿造成醋又被称为"药醋"，这在云南醋业中可谓是绝无仅有。

○ 下村醋

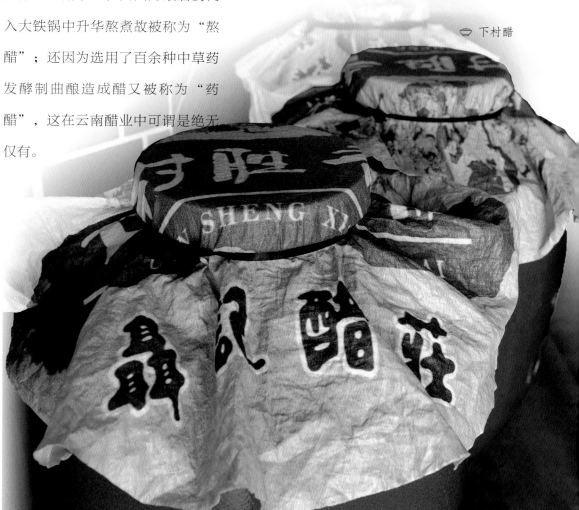

昆明甬道街

永香斋玫瑰大头菜

玫瑰大头菜，这名字听取来有点浪漫，但其长相很难看，黑黢黢的，三圆四不扁，老昆明人叫它"黑大头"。传统滇菜有道名菜——黑芥肉丝，云南人都认得；新派滇菜中有个"黑三剁"，制作简便，开胃下饭，颇受昆明年轻人的欢迎。这两道菜的主要食材，是云南特产的"玫瑰大头菜"。

 永香斋玫瑰大头菜老包装

1

今天年过半百的昆明人，说起"黑大头"既熟悉又亲切，它皮色黑亮、内心褐红，吃法简便多样，

永香斋玫瑰大头菜

伴随着我们渡过了少年时代，是困难时期价廉物美的下饭菜。

黑大头可以直接切片或切丝生吃，清香脆嫩，酱香浓郁，玫瑰香宜人。20世纪六七十年代，逢年过节，用人均2两的肉票买点肉，把黑大头切成条状和肉丝一起炒成"黑芥肉丝"，何等的美味，要多吃两碗饭，老人们笑道"鼻子都舔光"了。

那是我难以忘怀的乡愁。

2

　　我的祖居在原长春路吹箫巷[1]，这是位于老昆明城大东门外的一条市井小巷。从吹箫巷出来左拐，不远处就是今天的北京路，过去叫"太和街"。太和街上有家酱菜厂的车间，小时候家里穷，假期我们会相约去酱菜厂"打工"——摘辣子把。在酱菜厂老房子背光的阴影里，一个个大陶罃（bèng）列兵一样整齐排列，里面就是正在发酵的"黑大头"，散发着淡淡的酱香，让我们不时咽口水。

🥢 玫瑰大头菜腌制

3

　　关于玫瑰大头菜的来历，有两种版本：一说是明末清初，昆明三牌坊（今正义路威远街口）有个酱菜铺声名远扬。起初酱菜铺只加工碎酱菜，随着生意日益兴盛，酱菜铺开设作坊增加了糕点、蜜饯，并加工、腌制芥菜（即"黑大头"）。起初，黑芥是用食盐浸渍腌制，品味一般。后来，

🥢 晾晒

🥢 吹箫巷

---

① 昆明长春路早已改名为毫无特色的"人民中路"，吹箫巷还在，只是拓宽盖起了高楼。听我爷爷说：过去吹肖巷有7眼水井，恰似箫的7个眼，吹箫巷斜对面是凤凰村，历史上有"吹箫引凤"典故，"吹箫巷"由此得名。但网上以讹传讹，说这里清初有竹子交易及竹工艺品，尤其洞箫较有名气，吹弹艺人集中，故名"吹箫巷"，大谬也。

伙计们觉得加工糕点的玫瑰糖剩下的糖沫扔掉太可惜，便放入腌制芥菜的缸中。玫瑰糖香味浸入芥菜，芥菜味道具格外鲜美回甜。受到启发，店老板经过反复琢磨，专门采用玫瑰糖等配料研制出了玫瑰大头菜。当时，这个作坊叫永香斋酱园，它生产的云南玫瑰大头菜一时名声大振。

另有一说，永香斋酱园正在腌制大头菜时，一位农村来的帮工忙着回家过年，错把玫瑰香料当作配料投入腌缸里。他感觉惹了祸，怕被老板追究就一去不归。谁知歪打正着，那缸投了玫瑰香料的大头菜在揭盖出售时，竟香气扑鼻，很快销售一空。老板弄清了原因后，忙把这位担惊受怕的帮工以优厚的待遇请回来当师傅，玫瑰大头菜畅销全省，永香斋遂因此名噪一时，被誉为"芥菜名家"。

🥣 玫瑰大头菜

🥣 晾晒玫瑰大头菜

🥢 黑芥黄豆腐　　　　　　　　　　🥢 黑芥肉丝

4

玫瑰大头菜是用昆明近郊出产的上等鲜芥菜头为主料，经过削皮破块，用磨黑盐三次入池腌制，出池滤水，转入泡酱池内进行酱制发酵，八十天即可出池晾晒。最后收起、入缸、压实、密封，经三个月的贮存发酵后，方为成品。

1912年，在昆明武庙街（武成路）城隍庙前（今五一电影院），建盖的一幢二层劝业场落成，召开了云南省第一次劝业会物品展览，永香斋玫瑰大头菜被评为特等奖；1915年，"云南玫瑰大头菜"首次漂洋过海参加巴拿马国际博览会获奖，以后又多次夺魁，永香斋酱园也被冠以"古滇第一家"。尔后的1918年，时任云南省督军的顾品珍召开第二次物品博览会，该产品又获甲等奖。1924年，唐继尧召开第三次物品博览会，玫瑰大头菜再获特等奖。

5

获奖后的永香斋玫瑰大头菜成为云南的一张"名片"，除在本省销售外，早年间，由于交通不便，用马帮驮运，沿滇西经腾冲等地外销缅甸，销量有限。1910年滇越铁路通车后，由滇越铁路经河口外销越南、泰国、柬埔寨和老挝等国家，或经海运香港后转口销往国外，滇东则由昭通销往贵阳、重庆、汉口、上海、广州、北京、天津等地，据说当时，沪、广商人争相订购，永香斋玫瑰大头菜一时供不应求。

6

近代中国战乱不断，真正的"老字号"凤毛麟角，"永香斋"可算是延续330年名副其实的"老字号"。不过，这个"老字号"也是命运多舛：1956年公私合营，永香斋酱园、品香斋酱园、允香斋酱园、益斋酱园等13家酱园合并成立国营昆明永香斋酱菜厂，"文革"期间改称"工农兵酱菜厂""南坝酱菜厂"。这一改，玫瑰大头菜一度在国内外声誉锐减。1984年，经昆明市政府批准重新恢复"昆明永香斋酱菜厂"厂名，2000年与拓东酱菜厂合并，现更名为昆明拓东调味食品有限公司。

如今，续写着云南故事的玫瑰大头菜产量达800多吨/年，除销往全省各地，京、津、沪等30多个省市外，每年还出口东南亚国家和香港地区50吨左右。

🥣 黑芥肉丝

开远植物园

开远甜藠头

说起藠头，云南人大都认得。走进云南农贸市场的咸菜摊位，基本都有这个大小如蒜瓣的玩艺。藠头切碎后与剁肉同炒，特别下饭，是云南民间一道名菜。

要问"藠头"咋个写，或者"藠"怎么读？估计十有八九的人会写错、念错。

要是不写这篇文章，我也错了多年。

🍲 开远甜藠头

1

汉语博大精深，差一点或多一画，意思、读音完全不同。就以"薤头"为例：薤，草字头，下面三个"白"字，读音："jiào"，薤头，即"薤白"；如果是草字头，下面三个"日"字的"蕌"，读音："lěi"，古通"蕾"，即古代"蕾"的通假字。

一撇之差，完全两码事。

"薤"字本来就难读，字典的解释是"薤白"。那"薤白"是什么？"薤"字又有几个人认得呢？

我也是醉了，中国文化，怎生了得！

2

查阅字典，"薤"读音xiè，蕌头是它的别称。"薤白"别名小根蒜、山蒜、野蕌等。李时珍说："其根煮食、糟藏、醋浸皆宜"。根色白，作药用，名薤白。

🥣 甜蕌头发酵

资料上说，藠起源于中国，据记载，我国殷商时即有种植和食用习惯，至今已有3000~4000年。藠在东北叫大脑瓜儿野菜，日本，朝鲜，韩国，俄罗斯等国家也都有引种栽培，江西新建被中国农业部命名中国藠头之乡。

🥣 开远老厂宿舍

资料上又说，藠头原是开远高寒山区的一种野生宿根植物的地下块茎，只有遇到灾年，才有人挖来充饥。据《本经》记载："藠治金疮疮败，轻身者不饥耐老""治少阴病阙逆泄痢，及胸痹刺痛，下气，散血，安胎。"如此既好吃又治病之物，世间实为难得。

江西、开远，谁是原产地？以上"公说、婆说"让我糊涂了。

❸

让专家们去争吧，好吃才是硬道理。

开远甜藠头是云南著名特产，如今列入了云南省第四批"非遗"名录，足见其历史悠久。开远甜藠头口感嫩、脆、酸、甜，并略带辣味，十分爽口，具有健脾开胃、去油腻、增食欲作用。它既可单独食用，也可作为配料，制成多种美味佳肴。当年曾作为贡品，在清宫中留下了"久吃龙肝不知味，馋涎只为甜藠头"的赞语。

🥣 咸藠头

有了红河州餐饮行业协会沈问金会长的引见，我得

🥢 开远果酒厂一角

以来到开远甜藠头生产基地采访，见识了真正的开远甜藠头。

4

开远甜藠头是今天国有开远果酒厂的一个产品。在还显简陋的老厂房办公室，厂长李源热情接待了我们。他说，追根溯源，甜藠头是开远当地人王宝福、孙如兰夫妇1914年首创，已有百余年历史。

李厂长给我们讲了个故事：

1910年滇越铁路全线通车后，地处交通枢纽的开远变得异常繁荣，王宝福从农村来到开远打工。读过4年私塾的王宝福在当时被称为"文化人"，结识了城区的孙如兰并结为伉俪。随后，在岳父相帮下，夫妻俩开了一个小杂货店，主营酒、醋、腌菜等商品。

开张不久，总想创自己品牌的王宝福着手酿制山楂、石榴、青梅、葡萄等七种水果为原料的"杂果酒"。这天他独自走向大黑山，探寻高寒山区所生长的山楂。在翻山越岭，行至大黑山深处一个叫阿沙黑的地方时，口渴难耐，随手拔了几根叶如蒜苗、根如蒜瓣的藠头解渴。他所食的藠头层多、色白、颗大，入口后无渣、肉脆，回甜少辛辣。出于做腌菜生意人的敏感，王宝福如获至宝，便把此藠头带回家与妻子着手腌制，期望做出别具特色的一种风味小菜。

开远大黑山的藠头，天生具有微辣，但这个辣并非辣椒之辣，而其回甜也非糖味之浓甜。经过腌制后，他希望保持藠头皮软肉糯、脆嫩无渣、晶莹透明特性的同时，还要突出当地人爱吃的辣椒辣味和甜润。夫妻俩选用开远西山片区盛产的牛角辣，购买较为出名的弥勒县竹园红糖，与食盐一起研磨，倒入洗净晾晒后的大黑山藠头，搅拌后贮入紫砂陶罐密封。

发酵一段时间后，他们发现原晶莹如玉的藠头开始发黄透亮，食之不失原始脆嫩。为保鲜，凭他们的腌菜经验，又添加些许白酒辅之。悉心摸索，所腌制的藠头不仅达到了预期目标，长时间贮藏还不失特有的脆嫩口感。创新腌制的甜藠头上市后受到食客的好评，王宝福为保品牌，取妻子孙如兰名字，确定了"如兰监制"为防伪标志。

如今王宝福、孙如兰夫妇早已作古，但他们研制的杂果酒、甜藠头仍在市场畅销，成为开远较有代表性的美食名片。

李厂长送了我们一罐甜藠头，成品甜藠头颗粒整齐，金黄发亮，香气浓郁，肥嫩脆糯，鲜甜而微带酸辣。"我们始终保持传统的腌制

🥢 甜藠头

方法，制作甜藠头只放红糖和盐，不放任何添加剂，按自然规律经发酵而成"，李厂长如是说，"甜藠头现年产量稳定在30吨左右，远销省内外"。

有人作诗赞曰：

久食龙肝不知味，馋涎只为甜藠头；

碗中有颗甜藠头，胃口顿开食欲增。

▱ 七甸

七甸卤腐

　　卤腐，是云南人的叫法，北方多称为腐乳或豆腐乳，至今已有1000多年的历史，是我国特有的发酵制品之一。早在公元五世纪，北魏时期的古书上就有"干豆腐加盐成熟后为腐乳"之说；在《本草纲目拾遗》中，有"豆腐又名菽乳，以豆腐腌过酒糟或酱制者，味咸甘心"的记述；清代李化楠的《醒园录》已详细记述了豆腐乳的制法。

　　卤腐、豆豉以及其他豆制品都是营养学家大力推崇的健康食品。豆腐本来就是营养价值很高的豆制品，蛋白质含量与肉类相当，含有丰富的钙质。卤腐在制作过程中，经过霉菌发酵，微生物分解了豆类中的植酸，使大豆中原本吸收率很低的铁、锌等矿物质更容易被人体吸收，蛋白质的消化吸收率更高，维生素含量更丰富，常吃不仅可以补充维生素B12，还能预防老年性痴呆，且极易消化吸收，有"东方奶酪"之美誉。

1

　　好的卤腐，里外化透，红里泛黄，韧性适中，色、香、味、营养俱全。食之，细腻

　七甸卤腐

滑润，入口即化，酱香扑鼻，有若品古滇之遗韵，其味悠悠。

"买卤腐就要买'七甸'的，'八甸'的都吃不成。"这是一些老昆明人的戏称。七甸乡现已改为七甸街道。据县志记载，100多年前途经七甸通往滇东及"两广"的驿道两侧，家家开马店，户户卖咸菜。当时餐桌菜肴不如现在丰富，物美价廉的卤腐等酱菜就成为最好的佐餐之物，来往的客商都喜欢吃，还顺便买些带走，或在路上做下饭菜，或带回家解馋。在交通不便的岁月，七甸乡的卤腐随着南来北往商贩的脚步，走向四面八方。

2

1984年，时年30岁的郭永圣借贷1.5万元办起"呈贡县七甸卤腐厂"，家庭作坊迈向了工厂生产。"当时我们厂只有3个人，一年只能产8吨，代销价格7角4分一公斤。"时隔30年，回忆起创业初期艰难而快乐的岁月时，郭永圣嘴角还带着笑。

"我自记事起，就听母亲说八九岁的时候跟随长辈做豆腐、卤腐及其他酱菜，当时生意不错。"在七甸卤腐"非遗"传承人、昆明七甸永圣酱菜食品有限公司董事长

🥣 晾晒

🥢 七甸卤腐醇化发酵

郭永圣的记忆中，自家的拳头产品从来就是一种骄傲。

随着市场的进一步开放和高等级石安公路的通车，进出货方便了，销量也不断增大。1999年，卤腐厂更名为昆明七甸永圣酱菜食品有限公司。在卤腐生产旺季，公司员工近300人，卤腐和各类酱菜的年产量约8000吨，30年间，总产量翻了1000倍。

精选原料、研磨细致、完全煮透豆浆，做好的豆花倒进压框滤水数小时后成了豆腐；豆腐只是卤腐的前身，工人将乳白的豆腐放在屋里风干；两天后，豆腐垫上清洗晾晒过的稻草放在太阳底下晾晒，这有助于豆腐发酵。然后按比例称取辣椒粉、食盐进行混合，配取白酒，将豆腐和作料混匀后装到陶罐后封严，1个月和4个月之后还要打开各加一次白酒，腌制半年才能制成卤腐。从黄豆制成卤腐到卤腐成熟销售，总计要近200天，这种人工腌制无法用机械替代。在保留传统风味的基础上，七甸卤腐严

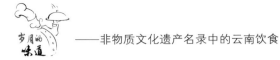

格按照质检部门的要求，完善现代食品安全生产流程。他们把祖辈的技艺传承下去，让昆明的饮食文化得以发扬光大。

3

卤腐是云南腌腊制品的一个重要品种，其制作方法、品种类别和口味等，在全国卤腐（腐乳）中位居前列。有的人质疑："不一定吧，北京、桂林等地的腐乳，味道不也很好吗？"

虽说不论北京、广西，还是湖南、贵州的腐乳，味道也还不错，但共同特点是豆腐发酵后直接入罐腌制，这样一来，一是太嫩，没有筋骨；二是白腌或只放很少的佐料，缺乏诱人的红辣椒面；三是汤汤水水太多，口感偏向臭豆腐味道。而云南的卤腐则完全脱离了臭豆腐的"臭"，上升到了酱腌制品的腌香和醇香高度，因而无论是品种、卖相，还是风味、口感都"技高一筹"。俗

🥣 七甸卤腐

🥣 七甸罐装卤腐产品

🥣 腐乳汁鱼

🥣 腐乳汁烹羊肉卷

🥣 农家腐乳小炒肉

话说，不怕不识货，就怕货比货，食客完全可以通过实际品尝做出比较和鉴别。

云南的卤腐有各种做法，风味也奇特多样：有白酒卤腐、叶子卤腐、油卤腐、大肉卤腐、姜卤腐、豆酱卤腐等等。在云南，不论繁华的都市还是偏僻的山村，都可以吃到价廉物美的卤腐。云南有多少个冒着炊烟的村寨，就有多少种村民腌制的风味卤腐。除了作为美味可口的佐餐小菜外，卤腐在烹饪中还可以作为调味料，做出多种美味可口的佳肴。

🥢 易门浦贝村

易门豆豉

　　豆豉，说它是下饭小菜也好，调味品也罢，在中国百姓餐桌上很常见。它其貌不扬，有的黑不溜秋，有的还有点臭。生活困难时期，开水泡饭，有豆豉足矣；如今工作忙时顾不上买菜，有豆豉也足矣，光米饭也能吃得香。

1

　　豆豉是中国传统特色发酵豆制品，含有丰富的蛋白质、脂肪、大豆异黄酮、豆豉溶栓酶、豆豉低聚糖特殊成分、矿物质、维生素等人体所需的多种氨基酸。除了做下饭小菜，豆豉也是个重要的烹调配料，豆豉回锅肉、豆豉蒸排骨、豆豉鱼、豆豉苦瓜、青椒豆豉、水豆豉拌秋葵等等，让人回味无穷，直呼过瘾。

　　豆豉也是一味中药，中医学认为豆豉性平，味甘微苦，有发汗解表、清热透疹、宽中除烦、宣郁解毒之效。"中国

　　易门豆豉

豆豉"曾以其特殊的风味、独特的营养保健作用在国际市场上获得很高的荣誉，被国家卫生部定为第一批"药食兼用"品种，中成药银翘解毒片、羚翘解毒片中均含有豆豉。

❷

豆豉始创于中国，原名"幽菽"，古时称大豆为"菽"，据《中国化学史》解释，"幽菽"是大豆煮熟后，经过幽闭发酵而成的意思，后更名为豆豉。豆豉约创制于春秋、战国之际，《楚辞·招魂》中有"大苦咸酸"，根据注释大苦即为豆豉。另有一种说法认为先秦文献无豆豉，当是秦汉之际出现，《史记·货殖列传》始见豆豉记述，《齐民要术》载有制作豆豉的技法，东汉开始用作药物，以后历代食籍、药籍均有关于豆豉的记述，至今仍为重要调味料之一，且经久不衰。

豆豉最晚在唐代传入日本，日本人改进后叫"纳豆"，早在江户时代，纳豆就是日本有名的一种保健食品。日本纳豆与我国的发酵型豆豉其实是孪生姐妹。我曾到过

易门豆豉"非遗"传承人魏建堂父子

🥣 易门青豆水豆豉   🥣 易门干豆豉

🥣 水豆豉凉拌菜

日本旅游，导游把"纳豆"吹得神乎其神，虽价格不菲，慷慨解囊的大有人在。

我国人民虽然发现了豆豉类产品具有良好的保健作用，但疏于文字总结，缺乏理论依据，因而中国豆豉保健与医疗的研究迟迟不能上升到现代生命科学技术的理论宝库中，加之由于豆豉存在高盐且档次较低等原因，多数被做成了调味品使用。

3

云南好豆豉出在易门，豆豉是易门的标志，易门豆豉以色、香、味俱佳扬名全省。易门县地处滇中高原，气候温和，生态环境优异，有益黄豆生长，其豆豉制作历史悠久，早在康熙年间就已成为朝廷贡品。据说明洪武元年战争期间，将士们征军粮时征到什么就吃什么，不是随时都有大米、小麦。有一次征到黄豆，煮熟后士兵们把它背在身上作为干粮。几天征战下来，背在身上的黄豆被捂臭了，丢掉觉得太可惜，没有吃的，于是士兵们就把黄豆放在太阳下晒干品尝，虽臭却另有一股香味。战事结束，部分兵士留在了易门浦贝，他们尝试着用附近石莲寺清冽甘甜的天然石泉水，把黄豆煮熟后捂堆，待黄豆发酵并起黏液时，加上盐、辣椒、花椒等调料，经过多次摸索，做出了豆豉。

易门豆豉选用的浦贝青黄豆，是每年栽秧时节乡亲们在田埂上套种的，待到谷子成熟时，黄豆也基本成熟。青豆收割回来，晚饭后三家五户在街头巷尾团团围坐，男女老少，亲朋邻里趁夜剥豆，以不失鲜。剥黄豆是浦贝人一年中最高兴和热闹的时候，大伙一边剥豆一边聊天，其乐融融。

4

易门豆豉分青豆水豆豉和干豆豉两类，以青豆水豆豉最受欢迎。在易门餐饮行业协会秘书长叶帅陪同下，我到浦贝采访了易门豆豉"非物质文化遗产"传承人魏建堂。年逾花甲的魏建堂是地道浦贝人，魏家祖辈都做豆豉，魏建堂耳濡目染，从小就与豆豉作伴，后来得母亲真传，魏家的豆豉在魏建堂手上又得到了传承并发展。他说，豆豉的做法说简单也简单，说复杂也复杂，最主要的是食材的选购。做豆豉选用的是浦贝当地的青黄豆。将剥好的黄豆淘洗干净，用做饭吃的大锅将黄豆煮至八分熟，待黄豆冷却后，在篮子底部放上清洗干净并摘了叶的豆枝，分几层将煮好的豆豉装好，最后在上面放上枝叶让豆豉发酵。一般捂到第三天时就可以看到有蒸汽冒出，便可以

🥣 易门豆豉用青豆

🥣 易门干豆豉制作——舂豆

把豆豉扒出来，将事先磨好的当地七寸斗辣、易门高粱酒、盐巴等调料按照一定的比例调好，腌制半年左右口感最好。水豆豉辣酱鲜红，豉仁嫩绿，红绿相间，鲜、甜、辣、咸、麻五味融合，让人食欲大增。

干豆豉呈长条状，与水豆豉的差异在于捂好豆子后的制作方式不同。老魏说，豆子捂好后，用祖辈传下来的杵臼将豆子舂到半碎，舂好后，倒入盆中加上干辣椒面、花椒面、盐巴搅拌，再用手捏成大小适中的圆球状，放在木桌上做成长条状，然后拿到通风处晾干便可。干豆豉用栗炭火烧烤，配上米汤后特别好吃。

🥣 青椒炒豆豉

🥣 水豆豉拌菜花

🥣 豆豉苦瓜

昭通黄连河

昭通酱

　　昭通素有"咽喉西蜀，锁钥南滇"之称，是云南的北大门和滇、川、黔三省经济、文化的交汇重地，也是内地入滇到云南的必经之路之一。"昭通酱"是历史悠久的地方传统名产，堪称云南省的"酱类之冠"。品质上乘的昭通酱色红如玛瑙，鲜艳油润，酱香浓郁，酯香宜人，味鲜醇厚。无论昭通还是昆明的厨师做菜，大都喜欢用昭通酱，在烹饪菜肴时加入适量的昭通酱，能使菜肴口味更佳，增进食欲。昭通酱不仅是入菜烹调的佐料，也可以小碟上桌，调和口味，增进食欲。昭通人如果走亲访友，对方若是老乡或亲戚，其礼物必定是昭通酱。

　　🍲 厨师做菜大都喜欢用昭通酱调味

我有个同事是个昭通人，大家开玩笑时喊他"昭通酱"，因而很早我就认识了"昭通酱"，不达此"酱"非彼"酱"。

1

酱起源于中国，其发明已有数千年的历史。古人云：酱者，百味之将帅，率百味而行。孔子在《论语·乡党》中云"不得其酱，不食"，可见酱在古代调味品中的至高地位。

酱刚开始并非作为调料，而是作为一种重要的食品而诞生的。按张岱《夜航船》中的描述：燧人氏作肉脯，黄帝作炙肉，成汤作醢hǎi（醢，酱也《广雅》）"成汤作醢"开始时，酱是用肉加工制成，将新鲜的好肉研碎，用酿酒用的曲拌匀，装进容器，容器用泥封口，放在太阳下晒两个七天，待酒曲的味变成酱的气味就可食用。因为酱是酒、肉和盐在一起交合而成，滋味好，在当时曾被称作美食。到周代人们发觉草木之属都可以为酱，于是酱的品类日益增多，贵族们每天膳食中，酱占了很重要的

🥣 昭通酱

地位。

从《周礼》中的记载到《礼记》中的记载看，酱的作用出现了很大的变化，从主要的配食品变成了很具体的调味品。到了明朝，豆酱的生产更为发展，而鱼、肉制酱则逐渐被淘汰，制酱技术亦普遍流传于城乡老百姓之间。

🥣 昭通酱酱香浓郁

2

史载，昭通酱早在西汉时期就已有生产，因而历史上昭通有"酱乡"之称。昭通与四川毗邻，在传统酿制黄酱的基础上吸取了川味食品麻辣的特点。民间制作昭通酱选料极为考究，大豆、辣椒必须是本地产的，食盐要用自贡产的井盐，花椒要用"金河椒"，水更是非昭通大龙洞的泉水不用。从制作豆面、酱面到下酱的工序，无不精益求精，做酱粑就有"紧三把，松三把，不紧不松又三把"的讲究，昭通制酱人的匠心在制酱的过程中体现得淋漓尽致。

据说风味地道、纯正的昭通酱只有在昭通才能生产，这显然与气候、水质等有特殊关系。民国时期，曾有外地商贾聘请昭通师傅去制作昭通酱，基本材料相同，工序工艺也一样，但成品的色、香、味却与昭通当地制作的相去甚远。也有在外地生活的昭通人试验过，将在昭通制成的"酱面"带到外地去完成"下酱"这最后一道工序，所得结果也难以尽如人意。"桔生淮南则为桔，生于淮北则为枳，叶徒相似，其实味不同，所以然者何？水土异也。"

云泉豆瓣酱

　　豆瓣酱，中国烹饪中常用的一种调味料，用蚕豆、曲子、盐等做成，是各种微生物相互作用，产生复杂生化反应而酿造出来的一种发酵食品，富含优质蛋白。烹饪时不仅能增加菜品的营养价值，而且蛋白质在微生物的作用下生成氨基酸，可使菜品呈现出更加鲜美的滋味，有开胃助食的功效，传统美食"回锅肉"就离不开豆瓣酱。

1

　　酱的酿造最早是在西汉，西汉元帝时代的史游在《急就篇》中就记载有："芜荑盐豉醯酢酱"。唐·颜氏注："酱，以豆合面而为之也，以肉曰醢，以骨为肉，酱之为言将也，食之有酱。"从古人的记载和注解中可以看出，豆酱是以大豆和面粉为原料酿造而成。大豆含蛋白质为主，面粉含淀粉较多。蛋白和淀粉同时存在，更适宜多种有益霉菌的繁殖，菌体大量产生各种酶，使原料中的各种营养成分充分分解而生成了风

🍲 楚雄彝人古镇

🥢 云泉豆瓣酱

味独特的豆酱。原酱分豆瓣酱和甜面酱两大类，以小麦粉做成的称甜面酱；以黄豆、
蚕豆等制成的称豆瓣酱。

2

云泉豆瓣酱是20世纪60年代兴建的楚雄州酱菜厂生产的，选用优质蚕豆为原料，
经多方尝试后，辅以最关键的西山漂白凹水源，采用精心酿造的曲料，加配多种香
料，运用低温发酵工艺酿制，历经长期调制，乃成"油豆瓣酱"。

烧饵块是云南独有的传统美味小吃，吃时根据不同口味抹各种酱。在楚雄吃烧
饵块，除了牟定腐乳，还有一种酱也被传为经典——云泉豆瓣酱。云泉豆瓣酱酱色油
亮，香气浓郁，鲜辣爽口，风味独特，佐餐令人食欲大增，调味则使所烹菜肴色味倍
增。老楚雄人说"吃馒头就一口，烧粑粑抹一手，谈不上风靡楚雄，只是家家户户都
要有"，指的就是云泉豆瓣酱。

云泉豆瓣酱流传的不仅是楚雄技艺，更是楚雄记忆。

岁月的味道

——非物质文化遗产名录中的云南饮食

云南省州（市）级

非物质文化遗产代表性项目名录（饮食类）

　　昆明是一座历史文化名城，作为昆明人我常引以为荣；可有人说，昆明这点历史在厚重的五千年中华史中显得太单薄，也不无道理。特殊的地理位置，使昆明在近百年的中国史上才渐渐被国人所认识和熟悉。

　　一个世纪前，中国以铁路和外国交通的地方屈指可数，而1910年云南就有了呼啸的小火车，为当时边远闭塞的云南边陲较早带来了工业文明。铁路促进了内外贸易的兴旺，内地各帮口进入云南，形成了滇菜为主，他帮菜为辅的格局，促进了昆明餐饮业的大发展。

　　近百年来，昆明与外面的世界发生着紧密联系：蔡锷领导了讨袁的护国运动，从昆明发起而全国响应，云南从此由落后的边疆成为近代民主革命的前沿；朱德、叶剑英等老一辈革命家是昆明翠湖畔云南陆军讲武堂的学员；抗日战争时期昆明是全国的大后方，著名的有滇缅公路、驼峰航线，美国空军的"飞虎队"就驻扎的昆明南郊；西南联大搬迁到昆明，这座城市一时间名人荟萃，藏龙卧虎，出现了昆明特有的文化中心地位；大批内地工厂迁到昆明，形成海口、马街、茨坝、安宁四大工业区，生产出中国第一架望远镜、第一根电线、第一辆组装车、第一炉电力炼制钢水等许多"中国第一"。昆明又是一个很能包容的城市，五湖四海的人在这里和睦相处，天南海北的人到这里都不想走了，从而又成为新的昆明人，所以昆明也是一座充满活力的移民城市，近年来吸引了越来越多人的眼球。

🥣 云南的"粑粑"就是北方的饼

　　官渡这个词，从字面上就可看出其意思：官方渡口。没错，1000多年前，500里滇池碧波荡漾，官渡水连碧鸡，一片汪洋，属农耕文明的发祥地之一。宋代大理国就在此设渡口，是往返拓东、大理的官贵商贩必经之水路；元代设官渡县，此后相当一个时期，这里商贾云集，寺庙林立，香火鼎盛，"官渡渔灯"成为老昆明八景之一。

有诗为证：

朝泛昆池艇，夜归官渡村，

鱼穿杨柳叶，灯隐荻花根。

浦远星沈影，江空月吐痕，

闲邀邻户饮，篝火醉清樽。

1

　　"官渡"后来是一个区的名称，而且是当年昆明四个区中最大的一个行政区，管辖着昆明东、南、北的大片城郊地区，官渡古镇也属它的管辖范围。早年官渡区政府设在昆明城区的关上，离官渡古镇远着呢。因此，相当一段时间有些昆明人一直闹不明白官渡区和官渡到底是怎么回事，提到"官渡"想到的是农村，所以官渡也成了农村的代名词，而农村又是"落后"的代名词。所以，官渡古镇犹如失宠的王妃流落民间，日渐衰落。这有地理原因也有社会原因：从地理上说，滇池水位的退却使官渡再也不能做"渡",它已经成为远离昆明主城的一个乡村小镇；从社会原因说，相当一段时期昆明乃至中国都是农业社会。在计划经济时代，政府的建设资金捉襟见肘，昆明主城区都照顾不过来，遑论沦落

🥣 官渡古镇

成乡村的官渡了。所以，虽有悠久的历史沉淀，但官渡古镇的小街早已是一片破败，寺庙也没了踪影。古镇的"宝贝"——已有600多年历史的全国重点文物保护单位"金刚塔"陷入泥淖，塔下狗屎猪粪人尿污渍遍布，塔身岌岌可危。在饭都吃不饱的年代，没有人去理会它的价值，把它当回事，甚至还觉得这个破石塔横在路中间碍手碍脚的，恨不得拆了它，把石块拿去砌猪圈。

官渡毕竟是"王妃"，虽铅华褪尽，不施粉黛，深厚的文化底蕴和悠久的历史使她无愧于一座历史文化名镇。文化是传承历史的纽带，是城垣的生命，文化积淀深厚的城垣，希望将是无限的。所以，官渡再次被人关注也就在意料之中。2003年，"古镇之宝"金刚塔经过艰难的施工，起死回生，原地抬升后重新稳稳端坐在古镇中央，成为官渡最值得炫耀的一张"名片"，也是古镇文化的根。重建的一座座寺庙香火旺盛，古镇人放下锄头沾了旅游的光。年轻人忙着做生意，中老年人悠闲地在重建的亭台楼阁上唱花灯，那一声声荡气回肠的唱腔虽有时跑了调，却也是别有一番韵味。

官渡，渐渐成了昆明人的一个新去处，周末假日，常人满为患。发展中的昆明城陷入钢筋混凝土的大楼包围中，漫步官渡，或许还能找回一些老昆明的感觉。

——非物质文化遗产名录中的云南饮食

❷

　　走进官渡古镇，会看到许多人边走边吃一种烤得微焦的粑粑，有的人手里还提个打包的塑料袋，装的也是粑粑，买粑粑、吃粑粑，成了古镇一道独特的风景线。此粑粑清朝年间就发源于官渡，现做热卖，烘制而成。过去老官渡的农家大妈在家门口支个炉子，把麦面做成粑粑放在铁锅上现烤热卖，别有风味，是我小时候的甜蜜记忆。

　　官渡粑粑其实就是麦面饼，精髓在于馅料：有白糖、糊麻、花生、玫瑰豆沙等口味，基本都是浓郁的甜；昆明人爱买"苏子"馅，"苏子"馅是黑色的，有芝麻香味，吃起来特别香。粑粑的面皮也不能马虎，做的时候，在面里要适当放些盐和糖，这样粑粑就会散发出面的香味。等待买粑粑时，可看到制作过程：师傅把做好的面饼放在一口直径约2米的大铁锅里，一锅可以放20来个。盖上铁盖，锅不停地慢慢旋转让其让受热均匀，一面烤黄后翻个再如法炮制。出锅时，有的粑粑受热胀得像

官渡粑粑现做热卖

个大面包，随即又瘪了。刚出炉的粑粑很烫手，店家准备了一些大簸箕，把热气腾腾的粑粑摊开晾凉。性急的捧着一个惬意地大口咀嚼，馅热乎乎的，吃到嘴里不停地哈气，很是过瘾。

官渡粑粑皮脆里甜，咬一口，既松软可口又有嚼头。有篇文章这样写道：只要是稍微了解昆明的人，都会知道这里有一个官渡古镇，都知道这里有很出名的官渡粑粑。但是如果没有了解官渡，了解这里的民风民俗，那么这个饼对于你来讲，只是一个面团而已，也许有人还不一定喜欢吃。在官渡热闹的街道上，似乎每个人手里都拿着那个饼，像古镇里一道独特的风景。而最惬意的就是那些围在花灯前的人们，嘴里嚼着粑粑，眼里看着花灯，这就是官渡最惬意的生活。

古镇上卖官渡粑粑的不少，有眼镜粑粑、李家粑粑、苏家粑粑等等，味道差不多。"眼镜粑粑店"门头上高悬一块匾，上书"昆明市非物质文化遗产名录，官渡粑粑制作技艺传承人"。这块匾是个金字招牌，再加上位于古镇中心金刚塔旁边，堂口选择得好，所以眼镜粑粑的店铺比别家热闹，总有人排队买粑粑。这家店曾经挂过一块告示，上书：排队一元一个，插队三元一个。这一招想得绝，不想排队你就得多付钱，赚钱的是有手艺有心计的眼镜粑粑店老板，排队的人等得干着急却无可奈何（好在插队的不多，除非真是有事要赶着走）。

现在这个告示没有了，粑粑卖2元1个。

🥣 官渡粑粑

官渡饵块

☐ 官渡饵块四角圆滑，像只小枕头

云南十八怪中，"粑粑叫饵块"是其中一怪（云南的粑粑即北方的"饼"）。要让外地人弄清云南这款名小吃，也可以说"饵块即粑粑"（听着有点绕）。

云南是世界稻作文化的发源地之一，故能把大米演义出米线、饵块等美食，成为千百年来经久不衰的风味小吃。用大米做成饵块是云南特有，若是用糯米做，叫"糍粑"；糯米磨粉做的则是年糕，都有别于饵块。

1

每年腊月，农村家家户户都要舂饵块，其方法是将大米淘洗、浸泡、蒸熟、舂捣后揉制成砖块形状。农村舂饵块，年味就浓了。

过去昆明市辖四个区，以官渡区地盘
最大，管辖了昆明主城区以外东、南、北
三大区域，基本上是农村，水田多，产大
米，做出的饵块又白又软，四角圆滑，像
只小枕头，昆明人吃的多半是官渡区产的
饵块，因而习惯上叫官渡饵块。

🥣 蒸米

清代翰林朱绂《味雪斋诗稿》生动地
描述了过年的情景：

> 门横新联户换米，还春饵块备香厨。
>
> 华堂草舍春都到，碧绿松毛迎地铺。

儿时我曾在母亲任教的昆明市官渡区小学读书，这所学校有许多农家子女，我也
就有了农村的同学。春节前，同学的妈妈先将泡过的米放到木甑里蒸，蒸到六七成熟

🥣 舂饵块

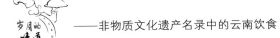

时取出，就可以放进抹了油的石碓窝里春了。踩碓的是父辈或大哥哥，有时我到同学家玩，也会去帮忙踩碓，配合大人把像跷跷板一样的碓踩起来，然后靠其重力自然落下，一次一次反复，初时觉得好玩，不一会腿就酸，撒腿跑开了。

春打成面状后，婶子大妈们取出放到案板上搓揉，"揉"是官渡饵块不可或缺的重要工序，"揉"使大米的清香得以充分释放，让饵块成型后更加细腻。反复的"揉"，"揉"进了人的情感，"揉"进了妈妈的味道，吃起来格外香糯，现在一些机器加工的饵块之所以味道大不如前，就是缺了"揉"。揉好的"饵"做成砖状，这就是饵块，一块叫一"筒"。做饵块的边角料可以用木模压制成各种花样饼状，或者小动物造型，看着很是逗人喜爱。

🥣 "揉"是官渡饵块不可或缺的重要工序

🥣 挑米

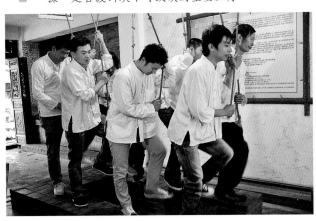
🥣 官渡饵块传习馆春饵块

🥣 官渡饵块"非遗"传承人

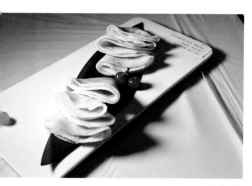

🍲 烧饵块

🍲 烧饵块

🍲 烧饵块

🍲 烧饵块

2

　　饵块可做成各种形状，细长的叫饵丝。这"块"字，从汉字的造字原理看应是"饣"为偏旁，但字典上没有，云南人便寻这么一个"快"字出来，用"块"代替，昆明方言中多有把第三声读为第四声的，因而音读"快"。

　　饵块是云南大众化小吃，其吃法有多种：炒饵块、卤饵块、烧饵块、糖煮饵块、煮饵丝，蒸饵丝等等，味道各异。"烧饵块"是用做成薄饼形的饵块放在栗炭火上的铁架上烤，卖烧饵块的多是女人，她们一手扇火一手翻饵块，"烧"到微焦黄时，在表面涂芝麻酱、辣酱、卤腐等，还可夹入油条，是美味的地方特色小吃，也是许多昆明人的方便早餐。过去天蒙蒙亮时，街头巷尾常可看到三五人围在烧饵块摊前等着买，尤以中小学校门口为多，碰上天冷时烧饵块摊的炉火还可烘手取暖。摊贩麻利地抹酱、收钱，买到手的人边走边吃，因为烫手不停地左右换手吹气，是为昆明一景，如今这幅市井图在城管的干涉下很难见到了。

　　"官渡饵块"如今已列入昆明市非物质文化遗产保护名录。在官渡古镇，有一家官渡饵块传习馆，馆里有当年人工舂饵快的木制踩碓，约有4米长，重约300公斤，碓头系着红绸，需8个壮汉同时发力才能踩起来。这是过去生产官渡饵块的工厂用的，普通农家的没有这么大。

呈贡豌豆粉

"豌豆粉"是云南妇孺皆知的名小吃。我在乡下有个姑母，做得一手好"豌豆粉"，每次去都要连吃带拿。老太太说这个手艺不稀罕，过去昆明官渡人几乎家家会做。先把干豌豆粒用水泡发后，去皮后掺水磨成浆，过去是用石磨，左手转磨盘，右手往磨眼里添泡好的豌豆，泡豌豆时放点花椒、八角等一起磨，味道更好。磨好浆后，大锅烧水，水温适宜时，一边往锅里倒浆，一边顺一个方向搅，决不能反方向，这一点非常重要。待浓淡合适时，让它在锅里慢慢煮，锅里的豌豆粉"卟吃、卟吃"冒泡，出锅前放入适量的盐。煮得稀一些的，是云南人早餐最爱吃的"稀豆粉"；煮得稠的，经纱布过滤、冷却后凝固而成的就是豌豆粉。豌豆粉色泽金黄，有豌豆的口感和特殊芳香。用刀功成形后，可热吃或凉吃，云南人多爱吃凉拌的，凉拌的口感

"现在没有石磨，用机器加工，做不出当年的味道了"，老太太说。

传统石磨制作的豌豆粉融入了人的情感。悠悠旋转的石磨，缓缓流淌的

豌豆粉过去是用石磨

豆浆，悄悄逝去的时间，老太太佝偻的腰身，这个画面如今只定格在老昆明人的记忆里。

1

昆明的豌豆粉公认呈贡的最好，呈贡豌豆粉又数"老俩口"名气大，这个品牌据说已有70年历史了。店里有副对联"情深意浓同携手，天长地久老两口"，语言纯朴，生动描绘了这家店夫唱妇随，互相扶持，以真挚感情在做生意。

说到呈贡，外地人可能不知道，但说起"斗南花市"应该不陌生，这里是全国最大鲜花交易市场，新编"云南十八怪"中"鲜花论斤卖"，

🍲 "老俩口"分店曾开到昆明主城

🍲 豌豆粉是较受欢迎的小吃

说的就是呈贡斗南。"老俩口"位于呈贡老城的一条主街上，店面不大，门头上"老俩口"三个大字格外醒目，"豌豆粉城"4个小字在右下角。迈进门厅，里面豁然开朗，是个二层木楼的四合院（难怪敢叫"豌豆粉城"），青石铺地，放置有古朴的木桌和藤椅。院内有芭蕉树摇曳，送来片片绿色。店里没有"老俩口"，服务员多是年青的姑娘，倒是有"小两口"带着孩子来吃"豌豆粉"。周末假日，是"老俩口"豌豆粉生意最忙碌的时候，四面八方的食客会慕名而来，呈贡离昆明主城有20多公里，昆明人也有人专门驾车前来，只为品尝一碗地道的"老俩口"豌豆粉。"老俩口"的

故事编也罢、真也罢，店名有特色，豌豆粉有故事，有文化背景，生意当然越来越好。

"老俩口"豌豆粉以凉吃最有代表，凉吃中又数"什锦豌豆粉"最地道。其作料可谓琳琅满目，红的萝卜丝，黄的豆腐皮丝，绿的芫荽，还有海带丝、芝麻酱、油辣椒、酱油、醋、碾碎的花生米等，其中昆明甜酱油担当重要角色，无它就不成其为呈贡豌豆粉。这一盆一碗的配料分门别类放在案上，服务员手脚麻利地按顺序往切好豌豆粉和盘子里舀，转眼就把一盘五颜六色香味浓郁的豌豆粉送到你手上。吃一口，细腻滑嫩，五味俱全，要是热天，更觉舒服爽口。

"豌豆粉"是云南妇孺皆知的名小吃

我顺道来呈贡老城吃"老俩口"豌豆粉那天，碰上下大雨，昆明已经三年连旱，雨水弥足珍贵。雨点打在屋顶啪啪声让我十分惬意，我边吃边欣赏这久违了的雨景，一个先生主动过来和我攀谈。滇越铁路通车100年时，我出版了一本摄影散文集《远去的小火车》，在展览会上签名售书，这位先生当时买书读书并收藏了书，今天也是专程带孩子来这里吃豌豆粉的，因为小火车，因为豌豆粉，又因为下雨，我们在"老俩口"豌豆粉城有了共同的话题。

2

其实呈贡的豌豆粉大都不错，呈贡豌豆粉主要出产自七旬乡。俗话说一方水土养一方人，七旬是个山清水秀的好地方，特殊的气候，特殊的水和传统工艺，使这里的豌豆粉和臭豆腐最出名。"换个地方换个人，味道就不再纯正了"，七旬人自豪地说。"祖传秘方"并不是最重要的，纯天然才是呈贡豌豆粉经久不衰的核心秘方，如果偏离了这个轨道，那么整个食品的质量和味道就变了。

2009年，"老俩口"曾进了昆明主城，分店开在南屏街口。屋顶上，"不吃老两口，枉来昆明走"的广告语格外醒目。生意也一度十分红火，但最后却败走麦城。究其原因，不是"老俩口"豌豆粉质量下降，也不是昆明人不爱吃，全是高房租惹的祸。南屏街位于市中心黄金地段，寸土寸金；"豌豆粉"只是个小吃，7元钱一碗，如何扛得起不断上涨的房屋租金？

豌豆粉也可油炸，油炸的豌豆粉外脆里嫩，蘸点辣椒面，微辣郁香，所以有个形象的名字，叫"炸金条"。

🥢 豌豆粉

🥢 豌豆粉

🥢 豌豆粉也可油炸，叫"炸金条"

昆阳卤鸭

🥢 昆阳卤鸭（老土鸭）

🥢 今日昆阳

　　云南昆阳有个美食品牌叫"昆阳卤鸭"，它源自"六朝古都"的南京，原名"金陵盐水鸭"。金陵盐水鸭至今已有1000多年历史，是众多食客交口称赞的南京地方美食，《白门食谱》记载："金陵八月时期，盐水鸭最著名，人人以为肉内有桂花香也。"

　　这只传承着金陵遗韵的鸭子，在远离南京2000多公里外的云南省晋宁县昆阳镇落户后有一个当地家喻户晓的名字"昆阳卤鸭"。

　　说起这只来自东方昆阳卤鸭，又扯出一个历史故事和一个著名的历史人物。

　　明建文元年，来自云南昆阳的马三保随明成祖朱棣起兵，马三保英勇善战，屡建战功，在协助朱棣登基称帝的过程中立下大功，为朱棣所赏识。永乐二年（1404）正月初一，朱棣以赐姓授职的方式表达他对有功之臣封赏与恩宠时，马三保被赐姓"郑"，从此便改称为"郑和"，同时升迁为"内官监太监"，相当于正四品官员，史称"三宝太监"。1405~1433年，郑和七下西洋，完成了人类历史上伟大的壮举。

　　功成名遂之后，郑和奉命回故里昆阳为祖宗祭扫坟墓，顺便带回了南京的特产盐

🍲 航海家郑和

🍲 郑和公园

水鸭。家乡人品尝这只鸭子后甚是喜爱，郑和逐命随身前御尉将卤制盐水鸭的方法授给家乡人。昆阳濒临滇池，有着养鸭子的天然条件，从此，盐水鸭就扎根昆阳，成为家喻户晓的美食。

传说归传说，昆阳卤鸭有几百年历史可考却是不争的事实。据史料记载，昆阳卤鸭制作工艺在清代的昆阳已相当普遍，到民国时期，昆阳卤鸭已闻名滇中地区。昆阳卤鸭采用当地麻鸭，将云南中草药材和当地饮食习俗的配料等融入盐水鸭，演变成今天的卤鸭。在传承祖辈技艺的基础上，今天的"昆阳卤鸭"传人，潜心研究，不断改进，从制作技艺、配料、口感等方面不断创新，选用独特配方卤水精心卤制，配比得当，用料考究，卤出的鸭子色香味美，骨香肉酥，皮薄肉瘦、肥而不腻，醇厚隽永，集各种卤肉制品之大成。

昆阳卤鸭已被列入"昆明市非物质文化遗产名录"。"非遗"保护中心分析报告认为，昆阳卤鸭具有深厚的地方文化经济价值和悠久的历史，其工艺制作在继承南京咸水鸭的基础上，结合云南饮食习惯，经过几百年的传承和发展，形成独特的制作体系，特色尤为鲜明，保留了民族传统手工制作技艺，包含着滇池周边人民先辈的历史文化信息，为滇系菜谱增添了一道特色佳肴，丰富了当地饮食文化。

⬭ 昆阳卤鸭（麻鸭）

⬭ 昆阳卤鸭（火腿鸭）

珠江源

　　曲靖是云南稻作文化发源地之一,三四千年前,曲靖先民就在这块古老的土地上种植水稻,创造文明;秦汉"五尺道",曲靖最早开辟出云南"内引外联"之通道;公元前109年,汉武帝刘彻派兵打败了盘江流域一代的"劳浸、靡莫"部族,滇国归顺了汉王朝,在今三岔一带建成了味县,隶属于益州郡,是曲靖的前身。

　　曲靖是著名的爨文化发祥地,如果不是书法爱好者,今天很多人或读不出"爨"的正确发音,或不解其意。"爨"的本意是烧火做饭,另一解译为"炉灶"。在漫长的历史岁月里,人们称曲靖为"爨乡",自东晋经南北朝至唐天宝七年,爨氏统治曲靖地区长达400余年,其间造就了爨文化的历史文明。中国食文化研究会副会长赵荣光教授有诗云"汉武封味县,云南早知爨","味县"和"爨"均在曲靖。

辣子鸡 圆子鸡

辣子鸡特点是鸡肉辣中有香，辣而不过

　　早在20世纪90年代，考驾照就是一个热门行业，在昆明排队得猴年马月，于是我只好舍近求远，在朋友的安排下跑到曲靖学车。场地练习在原沾益飞机场内，这座1938年兴建1945年停用的飞机场是抗日战争的产物，陈纳德指挥的美国第14航空队（即飞虎队）1943年3月入驻沾益机场，由此成为中国重要的军事基地和轰炸机场。

　　因为"近水楼台"，我与沾益辣子鸡早就结了缘，那时沾益辣子鸡已经有了名气，被称为滇中一绝，创始人是"龚氏、龚家、龚记"三家。龚氏祖上颇具传奇，明朝地理学家徐霞客探寻珠江源时，曾投宿沾益当地富豪龚起潜家，龚起潜就是后来发明辣子鸡的龚氏先祖。

1

　　当年的龚氏辣子鸡店开在一间普通简陋的平房，因为名气大了，有人专门驱车来吃，所以常常座无虚席。门外是320国道，车辆来来往往，喇叭声、吆喝声，声声入耳。进得店来，首先是选鸡、称鸡，一般都是辣子鸡炒一半，黄焖的一半，外加苦菜汤、炸洋芋、臭豆腐之类的配菜，然后坐下天南海北边聊边等，有个师兄不时来段荤笑话，让人捧腹，师傅则抱个水烟筒，吞云吐雾地过瘾。

"沾益辣子鸡"最大的特点是鸡肉辣中有香，辣而不过，辣得恰到好处。这里的秘诀应当归功于食材，一是鸡要好，须是本地放养的土鸡，以刚打鸣的公鸡为佳；二是原料独特，配方独特，再加独特的炒制工艺，辣而不辛、食和味醇，让你吃了一口还想吃第二口，哪怕满头大汗仍欲罢不能；三是辣椒要以丘北产的辣椒为主，外加不同产地的几个辣椒品种，让你直呼辣得过瘾。但凡有怕"辣"的，可以告之店家一半做辣子鸡，另一半做黄焖鸡，黄焖鸡出锅后一样喷香扑鼻，辣味却温和多了，这就满足了不同人的需求。吃的人边往嘴里送，边"滋滋"吸气，有的不停擤鼻涕，纸巾扔一地。饭店门口常见吃得满脸通红，打着嗝，一只手剔着牙，一只手提着灌满水的茶杯，心满意足地踏上回家路的场景。有吃不完者，店家会嘱咐你把鸡肉打包带走，回家后买点魔芋豆腐同煮，仍是满口余香。

沾益辣子鸡独特的原料、配方，独特的加工工艺，使其辣而不辛，辣香爽口，名振滇中，享誉海内外，堪称滇菜的代表作。前些年，上至昆明，下至偏远县城的路边小店都打出"沾益辣子鸡"招牌，众多的餐饮小店、个体户从辣子鸡牌子中掘到了真

🍲 辣子鸡特点是鸡肉辣中有香

金白银，"沾益辣子鸡"创始人家，也从路边小店发展到盖起了大楼。台湾某卫视《台湾脚逛大陆》节目曾制作一期沾益辣子鸡的节目，引起台湾食客前所未有的反响，台胞发起了"云南沾益饮食之旅"的热潮；某著名歌星应邀参加珠江源美食节开幕式，尝过辣子鸡后题词"天下第一鸡"，一时在坊间传为笑谈。

志晖园

2

"辣子鸡"也好，"洋芋鸡"也罢，爱吃的人不少，却有个共同之处——辣！虽然香辣不燥，辣得爽口，符合多数云南人的口味，但不吃辣椒的人就无福享受；能吃辣椒但肠胃不好的人又不敢吃。于是，有历史沉淀，传了三代人的风味独特的"清汤圆子鸡"沉寂多年后再次走红，风头盖过辣子鸡。

用餐环境

我们慕名来到位于曲靖市的志晖园圆子鸡的火锅餐厅，这是杜家第三代传人杜志辉在20世纪末期创办的。店堂设计突出了中式风格，进门处，4扇古典雕花格子窗用作点缀，增加了传统文化气息，墙上有书法作品，大堂有巨大的树根茶台，我们入座后，茶艺师沏上一杯

志晖园用餐环境

香浓的普洱茶。小杜老板闻讯从办公室迎出来，这是个80后，高高的个子，长得帅气。小杜虽然年青，却很有经营头脑。店面装修不追求豪华，贴近普通百姓；注重企业文化，给人以舒适、雅致的感觉，他的产品继承家传又有创新，真是后生可畏！

3

听说我们专程来吃圆子鸡，还要作些了解，对圆子鸡加工工艺十分熟悉的杜志辉是不二人选。他介绍说清汤圆子鸡烹饪制作工艺特殊，用料讲究，对主材料活鸡的选用有严格的品质要求。是精选放养的原生态、健康的土鸡，加入家传的独特配料，经过精心的煨制而成；对辅料豆腐圆子的豆腐也有固定要求，圆子采用传统手工作法、豆腐按量捏碎加入适当精磨肉和葱、姜、面做成豆腐圆子，吃的时候把豆腐圆子放入鸡汤中同煮即可。在烹饪过程中，对调料、葱段的长度、根数以及姜块的个头大小、个数等都有讲究。上桌的清汤圆子鸡，汤色金黄，有扑鼻的鸡鲜香，鸡汤入口清淡，细细回味，油而不腻，入口细嚼，其最大特点是鸡肉香嫩润口，扒而不烂；圆子外嫩里松，有豆腐的原味也有精磨肉的香味，松软，细腻；汤味清醇鲜香，营养丰盛，

圆子鸡火锅

口味温和，四季皆可食，老少均适宜。这道传统菜有温补滋养，健胃护胃的特点，难怪清汤圆子鸡被誉为曲靖市的传统特色美食，成为曲靖乃至曲靖周边美食爱好者津津乐道的美食之一。

4

"听说你家的'清汤圆子鸡'抗战期间还成了美军飞行员的美食？"我问道。小杜说了这个故事：1943年，美国陈纳德将军的飞虎队入驻沾益机场，选中杜氏家人负责飞虎队基地

圆子鸡第三代传人杜志辉

官兵的饮食供给。有一次，杜家派人做好豆腐送往机场的途中，不慎打翻了，豆腐被全部摔坏，看着摔碎了的豆腐，杜家一时慌了神，只好把豆腐带回家。开饭时间就快到了，机场等着下锅的豆腐一直没有送去，杜家急中生智，干脆把豆腐彻底捣碎，然后在碎豆腐里加进鸡肉末、盐等调料，做成民间常食的圆子送去给飞虎队。杜家怀着忐忑不安的心情过了一夜，生怕陈将军不满意。谁知第二天一开门，陈将军的副官就来订豆腐圆子，杜家悬着的心总算是放了下来。经打听才知道，原来昨晚陈将军带着战士们吃炖鸡，豆腐圆子送到了以后，正好用圆子做配菜。鸡汤和豆腐圆子煮在一起，不仅鸡汤的味道更加鲜美，豆腐圆子也煮出了别样风味。

5

受到启发，杜家从此不断探索豆腐圆子和清汤鸡的烹制方法和配料，在沾益县独创出"清汤圆子鸡"，推向市场后受到客人的普遍欢迎，就这样一直延续下来。杜家三代传人杜志辉把这道家传菜搬到曲靖市区。他与品质优良的活鸡养殖专业商家订立了合同，以保证清汤圆子鸡的品质质量；他建立了从原材料选购、生产加工、物流、

🥣 想吃香的有黄焖鸡

🥣 洋芋鸡也是一道地方特色菜

一直到终端烹饪和售卖等流程的监控体系。稳定的品质，独特的风味和营养，使清汤圆子鸡被行业认同、被老百姓认可，被省、市餐饮行业协会评为了"热销菜""十大名牌菜""地方特色菜"。

"志晖园"不只是有清汤圆子鸡，辣子鸡、黄焖鸡等都是拿手菜。对技艺的精益求精，对鸡烹饪的深入研究和实践，对原料和严格把关，志晖园这三种鸡的味道受到了吃货和专家们的普遍认可。进了志晖园，不怕辣的吃辣子鸡，想吃香的有黄焖鸡，讲养生的则非"清汤圆子鸡"莫属。品种齐全、质量稳定让"志晖园"门庭若市，获得曲靖市"独菜名店"殊荣并列入曲靖市级"非遗"项目名录，杜志辉是为圆子鸡"非遗"技艺传承人。

 煳辣鱼

曲靖是珠江发源地，曲靖因发现于4亿年前的古鱼类化石而被称为"鱼的故乡"。 鱼味道鲜美，含有不饱和脂肪酸，营养价值极高，地球人都爱吃。在云南，昆明的清蒸鱼、大理的酸辣鱼、西双版纳的酸笋鱼、玉溪抚仙湖的水煮活鱼……数不胜数。曲靖的朋友毛加伟说，你来尝尝我们曲靖城的煳辣鱼，顺便介绍你认识美女老板，她家两口子把煳辣鱼做成了地方特色美食，进了曲靖"非遗"项目名录，在曲靖城有口皆碑，而且名气越来越大。

美女、美食吊足了我的胃口，我们兴冲冲奔向曲靖，毛加伟让餐协秘书长何静带我们直接驱车上寥廓山。

1

寥廓山原名妙高山，地处曲靖城市中心区，成为曲靖人民晨练的首选地，每天一大早，登山者络绎不绝。朋友爱登山，为图方便，他的办公室就选址寥廓山下。上次我来曲靖时，和他一起登上山顶，放眼望去，曲靖城内楼廓尽收眼底，远处阡陌、河流清晰可见。传说明洪武十四年（1381），朱元璋派大军平定云南全境后，为纪念这一重大胜利，明军在寥廓山上勒石记功，并改寥廓山为胜嶂山，与翠蜂、真峰合称"三峰耸翠"，为旧时曲靖八景之一。

🍲 鱼骨、鱼皮油炸做下酒菜

汽车上坡、转弯，进了寥廓公园。一时让我纳闷，吃鱼怎么进了公园，不会是邀我来赏鱼吧？

树木掩映中有栋仿古建筑，正厅门上方的匾额黄底黑字，上书"寥廓山渔源"，字体是爨碑，出自曲靖当代书法家之手。爨碑是曲靖的骄傲，曲靖市的爨宝子碑（小爨）；爨龙颜碑（大爨）历来并称"二爨"，素有"南碑瑰宝"之誉。爨宝子碑的书法体现了隶书向楷书过渡的一种风格，为汉字的演变和书法的研究提供了宝贵资料，在中国书法史上地位不容置疑，从这块牌匾上，不难看出老板是有文化理念之人。

2

我们还在欣赏爨碑匾额，一辆大奔戛然而止，车上下来一位美女连声致歉"不好意思，来晚了"。朋友介绍说这就是"艺苑酒楼"老板戴小茵，我眼前一亮，戴老板鹅蛋脸形，身材姣好，果然是位有着东方风韵的美女。

小戴和我们打过招呼，习惯地走向鱼池。水下，尺余长的几条鱼在欢快地游走，背呈青黑色。小戴说她家的鱼都来自无污染的水域，以保证鱼的质量。和厨师交代了几句，小戴带我们走进建筑风格古朴典雅的餐厅，她说今天特意叫厨师安排了看家菜煳辣鱼，我们的话题也就从鱼展开。

曲靖江河、池塘众多，野生鱼资源十分丰富，所以鱼成了曲靖人餐桌上的主菜之一。煳辣鱼起源于20世纪中期南盘江流域，发展于20世纪后期曲靖市坝区和市区，兴盛于曲靖的各类大小餐馆，其香辣口味体现出滇东人家质朴好爽的高原性格，受到市场认可。有人还把鱼餐馆开到昆明等多个城市。

加伟说，在曲靖城内，小戴家的煳辣鱼已经成了品牌。提到吃鱼的好去处，公认的就是寥廓公园内的艺苑酒楼。这里环境清雅，食色生香，独门鱼技，其他家无法模仿也无法超越。"清风引伴客盈门，食仙慕鱼纷沓来"，络绎不绝的食客，见证了艺苑酒楼曲靖煳辣鱼的美食魅力。

煳辣鱼"非遗"传承人吴崇明

"主要是鱼的食材要好，"小茵说，"我们的鱼品质优良，谷鱼来自广西万峰湖，在会泽建立了优质水源淡水鱼生态养殖基地。配料有干红辣椒、老姜、蒜、香葱、豆瓣酱、白糖、酱油、醋、料酒、盐等，光辣椒就有4种，辣味相互弥补，香辣不燥；调料采用多种天然植物香料，烹制手法上注重古滇传统制作与现代技法的结合，根据当地人的饮食习惯和气候特点不断摸索，形成了独具特色的风味，有'煳而不焦、辣而不燥、汤鲜鱼嫩、回味无穷'等特点，既有鲜嫩香辣的口味，又保留了鱼肉本身富有的各种营养元素，堪称'滇味一绝'。"

煳辣鱼

❸

说话间煳辣鱼上桌，干辣椒过油，香味溢出，鱼经炖煮后，充分吸收作料精华，盆中汤色金黄，鱼肉白嫩，点缀有翠绿的芫荽，色、香、味俱佳，十分诱人。我们边吃边聊，鱼汤微辣，放入素菜一煮，恰到好处。席间还上了虹鳟鱼、黄辣丁，虹鳟鱼剖下来鱼骨、鱼皮油炸了一盘下酒菜，平时难得吃到的鱼肚、鱼泡也各上一盘，分明是桌鱼筵，独菜成席。

一杯葡萄酒下肚，戴小茵脸颊微红，更显妩媚。谁能想到今天开奔驰的美女老板昨天是个下岗工人，为了生计，曾与老公吴崇明远走他乡，在滇、桂交界的广西万峰湖用网箱养鱼，顺便在鱼塘边开了个小饭馆。两口子养鱼、卖鱼、做鱼、识鱼、爱鱼，回到曲靖的戴小茵夫妇二次创业，卖的还是鱼。他们对鱼的质量要求高，严筛主料品质，对各种配料采购绝不马虎，实现了"品料上乘、口味上乘"的饮食精髓，她把传统煳辣鱼做出了特色风味，多次在行业评比中成为"鱼系列"特色佳肴。

有付出终有回报，"煳辣鱼"在食客们的饕餮解囊中，一步步成就了今天的女老板。

🍲 吃鱼的妈妈最漂亮

🍲 黑皮子

在曲靖用餐，服务员端来一碗金黄带赤红的大块肉，汤里有绿色的豆尖，色彩分明，看着很诱人，这就是曲靖名菜黑皮子。皮厚有皱纹，肉肥中带瘦，咬一口，肉味香浓，肥而不腻，入口即化，这是曲靖市的一道传统肉食，过去主要流行于麒麟区三宝、越州、沿江一带，现已成为曲靖的一道人见人爱的美食。

曲靖市餐饮行业协会执行会长毛加伟对黑皮子很有研究，他介绍说，"黑皮子"其实是用"油封"的方法来保存食物的。"一方水土养一方人"，曲靖坝子的气候条件不像宣威，曲靖人不腌火腿，因为容易坏，所以家家户户都做"黑皮子"，到了曲靖的农村，款待宾客的大菜必有"黑皮子"，可煮、可炒或是炖。

曲靖市黑皮子的"非遗"传人是"艺厨云南人家"的厨师长代学富。头戴高帽的代学富中等年纪中等个子，人很精明，他在继承祖传技艺的基础上，不断琢磨创新，积累了烹制宣

🍲 黑皮子"非遗"传人代学富

威菜、曲靖菜的丰富经验。他给我们讲了个故事，黑皮子在曲靖流行了上百年。过去曲靖有位年轻的乡间厨师姓刘，炳承家传，做得一手好菜。刘师傅做的"八大碗"在十里八乡小有名气，因此，每逢年节或红白喜事，多有人上门请他主厨，刘师傅常忙得不亦乐乎。在传统的"八大碗"中，用五花肉做的红烧肉必不可少，也是餐桌上受欢迎的美食之一。看到大家都喜欢吃红烧肉，善于动脑筋的刘师傅琢磨如何用五花肉再做些新菜。百多年前，由于原料受限，菜的品种都不多，刘师傅借鉴千张肉的做法，把五花肉连皮先切成五至八厘米见方的大块，煮至六七成熟后，抹上蜂蜜和白酒，再放进烧热的油锅里煎。经过水煮油煎的五花肉，色泽棕红发亮，入口肥而不腻，甜味适中，味道滋嫩，品尝后众口称赞。待凉定后，连油连肉地放入油罐中，移至背阳的房间中，可放置二三年不变味，再吃肉就会方便得多。想吃时，挑一快出来，化油就吃，非常方便。乡亲们问这是道什么菜？刘师傅根据其制作特色并对应"红烧肉"，灵机一动取名"黑皮子"，由此逐渐传开，成了曲靖日后宴席上必不可少的看家菜，一直流传至今。

代大厨做的黑皮子，口味、色泽、品质及菜式都有了提升和改变。肉皮棕红发亮、香气四溢、色泽诱人、鲜香滋嫩。他说，黑皮子关键在选料以及加工环节。要用农民自己喂养的猪，选择猪腹部的五花肉，这样的肉味香浓，层次分明，肥瘦适宜。没有冰箱的年代，把做好的黑皮子放入陶罐中，浇入熟猪油，置于阴凉通风处储存。油冷却后封住肉块，隔绝空气，可延长保鲜时间，这也是过去云南农村保存食品的方法。吃的时候拿一些出来与酥肉同煮，不用加什么复杂的配料，味道喷香诱人，即使不沾肥肉的人，也会有"挡不住的诱惑"，"吃"了第一块，绝对还要再吃两块下肚。

类似曲靖黑皮子的这道菜在云南许多地方都有，做法大同小异，名称不尽相同。大理宾川也叫黑皮子，玉溪叫口袋肉。它们与曲靖黑皮子的区别在于皮多肉少，是名副其实的"黑皮子"；曲靖的黑皮子有皮有肉，叫"黑皮肉"似乎更确切。

宣威菜烹饪技艺

🍲 宣威火腿

　　在云南，以一个县（市）就能单独成"菜系"并在市场上开店畅销的，估计只有宣威了。省城昆明，但凡"宣威菜"馆，生意大都火爆。曲靖市餐饮行业协会会长毛加伟说，宣威菜有两个显著的特点：一是烹调方法上注意突显原材料的本味，让人百吃不厌；二是大众化、平民化，受众面广，消费不高、很实在。在《宣威菜的创新之

🍲 宣威菜

☞ 菜豆花与宣威火腿是绝配

☞ 一朵云

☞ 杨家权（左）向李培天求教

☞ 菜豆花

☞ 火腿椿芽

☞ 黄心洋芋

☞ 干酸菜

路有多长》一文中，加伟写道：云南省从政界到商界，挖矿、干苦力的、摆地摊的，几乎所有行业都有宣威人的身影，而对吃的理解，从口味上来分析，宣威火腿、墩子肉、干酸菜汤、大洋芋，绝对是每位宣威人都不愿脱离的基础口味，非常固执，并影响带动了很多外地人的口味。基于这些因素，餐饮界也才有了"滇菜是以滇东北菜系为主流，滇东北菜系又以宣威菜系为主流"的说法。

在加伟安排下，我有机会到宣威菜烹饪技艺"非遗"传承点"晟世仟和酒店"采访拍摄宣威菜，厨师长杨家权亲自为我们制作了一桌宣威菜。

作为宣威人，毛加伟对宣威菜也很有研究，他说，宣威菜有扣八碗、汤八碗、蒸八碗、杀猪菜等，可随着季节而变化、调整，其精髓是突出原料"本味"，很少用调料，只用葱、姜、蒜、盐即可，但对"蘸水"很讲究。把做的辣椒捂在灶灰里烤熟，再用纸包好后搓碎做蘸水的主料，这种辣椒很香，用铁锅里炒出来的辣椒无法与之相比。

宣威菜的"非遗"传承人李培天大师说，宣威菜中，扣菜较多，"扣韭菜根"是娶媳妇必上的菜；"树花"，虽然别处也有，但宣威的要糯些，做出来更香；酥肉、阴包谷、黄心洋芋、干酸菜、洋芋片、韭菜根、百合、魔芋豆腐、一朵云等，这些半成品是宣威菜的支撑点；另外，宣威菜的主菜原料，如火腿、黄豆腐，血肠、血辣子、血豆腐

🍲 树花

🍲 血辣子

🍲 血肠

🍲 扣韭菜根

 小炒肉

 千张肉

 菜汁包

等，随手、随时可取。

"菜豆花"在宣威菜中最为独特，它与众不同之处，是用豆浆和白菜同煮，关键在火候的掌握，好的菜豆花汁水白而返青，与宣威火腿是绝配：一咸一淡，一含蛋白质，一含维生素，二者营养互补，相得益彰。吃片火腿吃菜豆花，感觉很甜；而吃了菜豆花再吃火腿，则很香。如此反复，咸淡之间，欲罢不能……

宣威小炒肉是道家喻户晓的名菜，要吃到正宗美味的宣威小炒肉，对猪的要求很

 洋芋片、阴包谷

 百合

 黄豆腐

高。"过了高坡顶（宣威一地名）的肉就不是宣威小炒"李大师如是说。

"宣威菜和粤菜、湘菜等其他一比较，才发现我们宣威菜呈现方式的确是有点落伍了，卖不出好价钱。"毛加伟不无忧虑地说：最惨的是宣威火腿，生猪养殖千家万户，喂养方式，生长周期，腌制的方法都早已经物是今非，没有统一标准。火腿腌制水平也良莠不齐，所以，在市场上想找到优质可靠的宣威火腿几乎等于"神话"。宣威菜餐厅老板，大多数只有靠"人脉"在农户家中一只一只收购，方可放心，有家经营宣威老火腿的餐厅，大家经常调侃老板"你家除了火腿不好吃，其他的还好"，老板听后，只能无可奈何地苦笑。

所以，作为曲靖市餐饮行业协会会长，毛加伟发出了"宣威菜的创新之路还有多长"的感慨。

珠街老鸭子

　　曲靖餐饮有一个最大的特点，许多店以一个品种取胜，如志晖圆子鸡、沾益辣子鸡、陈氏洋芋鸡；寥廓山糊辣鱼、文火砂锅羊肉、富源全羊汤锅等等，不胜枚举，而且生意大都不错。难怪曲靖有"独菜成席"之说，更有餐饮协会认定的"独菜名店"数家，这在云南16个州（市）中可谓绝无仅有。

　　"珠街老鸭子"也是一家曲靖的独菜名店。

　　《本草纲目》中记载：鸭肉有清热、排毒、滋阴、增强人体免疫力、补肺、润燥、养颜的作用。查阅有关资料，说老鸭子的营养价值很高，老鸭肉中的脂肪含量适中，比猪肉低，易于消化，并较均匀地分布于全身组织

　老鸭子店的清汤鸭

　卤鸭

清汤鸭

中。老鸭肉还是含B族维生素和维生素 E 比较多的肉类，钾含量最高，药用价值历来为人们所推崇。所以中国人都爱吃鸭子，北京"全聚德"烤鸭就是享誉世界的经典中国菜代表。

"珠街老鸭子"的老板叫张耀龙，中等个子中等年纪，戴副眼镜，坐在茶台后面娴熟地为我们沏茶，像个教书先生。张耀龙不仅是老板，也是"黄焖老鸭子"大厨，卖老鸭子快20年了。

说起老鸭子，张老板如数家珍：明洪武年间，沐英30万大军征战云南，其中有一批南京人，张耀龙祖上也在其中。他家族谱、祖坟墓志铭上有"南京应天府柳树湾""柳树湾大石坎""高石坎"等记载。戍守曲靖珠街乡西海村的张耀龙先祖，带领族人筑围埂抵御南盘江雨季的洪流，发展农作物。因筑围埂的泥土是黄色，故得名"黄泥坝"（后来发展成一个自然村）。清光绪二十六年，张家后人在水源充足，水稻的种植成功的有利条件下养鸭子，烹制出多种以鸭为主的美味佳肴，"黄焖老鸭子"逐渐香飘珠街。

张老板把收藏的他家祖上的老账单拿来给我们拍照，他说："到清朝时，我祖上已是珠街的大户人家，家境殷实；解放后财产被充公，这几本当时遗留下来的老账单和一些小物件，是他爷爷用瓦罐深埋地下，临终前才告诉他父亲从地下挖出来的。这本发黄的账单是毛边纸，印有红格子，毛笔书写，落款为"光绪二十七年"，虽有100

多年了，字迹仍十分清晰。

鸭肉是美味佳肴，用鸭子可制成烤鸭、板鸭、卤鸭、香酥鸭、鸭骨汤等上乘佳肴，鸭肉还是一些名菜的主要原料。除了黄焖鸭，张老板的店还有清汤鸭，卤鸭、鸭杂等。一直嚷嚷要减肥的几位美女，面对一桌珍馐美味岂能放过，豁出去了，边啃鸭翅膀边自嘲地说"今天不吃对不起自己"。张老板让大家尽管放心吃，他对原料非常讲究，要选自然放养两年以上的老鸭，经过宰杀、漂洗、焯水、焖炒、入锅慢炖，出锅加配料等多个环节，出锅的老鸭鲜香味美、浓而不腥、香而不臊。

珠街老鸭子的独特美味得到了消费者的认可，是曲靖的又一张美食名片。先后获得过"曲靖市餐饮百强企业""曲靖市地方特色菜""曲靖市独菜店"等众多荣誉，如今列入了曲靖市级"非物质文化遗产"代表性项目名录，老板张耀龙成了珠街老鸭子的技艺传承人。

🍲 老板张耀龙

🍲 分享

文火砂锅羊肉

我爱吃羊肉，羊肉既能御风寒，又可补身体，被称为冬季滋补佳品，我曾在新疆吃过一次烤全羊，至今还口有余香。10多年前，"小肥羊"在昆明一哄而上顾客盈门又相继倒闭踪影全无，一时成为当年昆明人街谈巷议的话题。

"天苍苍，野茫茫，风吹草低见牛羊"，歌咏的是北国草原的壮丽风光，所以论吃羊，草原上的人可能更有经验。不过，曲靖市辖的几个县，如马龙、会泽也盛产黑山羊，因而在吃羊肉方面，与北方还是有得一比，曲靖市内就有一家很有名气的羊肉专卖店"文火砂锅羊肉"。

1

文火砂锅羊肉——店名已经诠释了该店特色：本店卖羊肉，是用砂锅文火炖的。文火慢炖让羊肉营养完全分解，并能有效吸收药膳功效和配料的香味；砂锅能保持肉质的鲜美，从而达到"羊肉的滋补、砂锅的原味、文火的药理"有效融合。在浮燥和快餐文化盛行的今天，难得还有这样守得住传统的餐馆。

朋友毛加伟是曲靖餐饮协会会长，和老板陈艳娟很熟，我们才停车，陈艳娟就迎了出来。加伟作了介绍，我很高兴又认识了个美女老板。陈艳娟说她是从爱吃羊肉到自己开店经营羊肉馆的，当然这只是原因之一，最重要的原因是陈艳娟的丈夫家祖上做过砂锅黄焖羊肉，有家传；再加上用心经营和把好羊的选材关，羊肉馆从开始4张桌子的小店发展成曲靖城又一家"独菜成席"的美食连锁店。

加伟说文火砂锅羊肉是曲靖市第一家突破羊肉传统吃法且有独创性做法的特色代表性名菜，在曲靖市已经有了较高的声誉，你吃过就知道了。我说岂止曲靖，这家店我在昆明就早有耳闻，我今天是慕名而来。

文火砂锅羊肉女老板陈艳娟

羊肉上桌时香气扑鼻

2

餐馆是2001年末开张的，最近重新装修过，窗明几净，虽专营羊肉，却嗅不到一点膻味。陈总张罗着沏茶，我转进厨房，专门去看看这口引得曲靖人趋之若鹜的大砂锅。砂锅是特制的，约有会议室用的保温桶那么大，大半锅黄焖羊肉在文火上微微翻腾。年青的厨师长过来给我做介绍，他说店里的羊肉全是选自昭通、会泽、宣威、德泽等地，是养殖户在大山自然放牧的土羯羊，养殖时间一般不低于4年不超过5年。羊买回

羊肉是用砂锅文火炖的

来后，经过宰杀、漂洗、分块、去大骨，砍小块，加秘制配料拌均匀腌制，将草果、姜块、秘制老酱等多种配料用羊油炒香；放入羊肉、羊肚等炒半个小时左右，焙干水分，让香料入味；倒入黑陶砂锅，加水小火慢炖，直至达到出锅要求，有9个主要工艺环节12道程序。除了对主料的选用有严格的要求，对配料的要求也极为苛刻，缺一不可，加工时间达不到要求将直接影响羊肉质量。"为保证质量，我们的羊养殖周期较长，所以现在原材料的供给日益困难。"陈总如是说。

3

在和陈总闲聊中，我了解到"文火砂锅羊肉"是由沾益县大营砂河村的民间"土砂锅全羊"发展而成。沾益因处于水陆交通要道的特殊地理位置，有"入滇第一州""滇东重镇"的美誉，"沾益"之涵意为"利益均沾"，文火砂锅羊肉的传承也

不例外。在大营上砂河村和下砂河村的交界地段，有一块长约1500米，宽约1200米的"跑马场"，当地张氏家族有一武状元，经常邀约习武之人在此练武赛马，切磋武艺。汗流浃背之后，他们就地取材，用砂河泥烧制的砂锅宰羊现烹现炖。根据羊肉"补虚劳，益气力，壮阳道，开胃健力"的本性，尝试添加适量的中药材做成药膳羊汤锅。经不断总结、调味定性，逐步让这锅羊肉成了当地美味，张氏家族一直保持每年吃两次羊肉的习惯。经过继承和发扬，结合现代饮食习惯和科学养生理念，如今这道传统菜的制作工艺有了较大提升，每个环节都力求做到精细、安全，绝不允许任何瑕疵。烹调后的羊肉香气四溢，味美不膻，是一道老少皆宜的美食佳品。

🍲 砂锅是特制的

4

从砂锅舀入陶瓷碗的羊肉，上桌时香气扑鼻，肉汤金黄，浓而不膻，覆盖有绿叶薄荷。羊肉是带皮的，经过文火长时间炖制，入口酥而不烂，又有嚼头，虽是黄焖却香而不腻。肉吃得差不多了，在汤里添加各种菜蔬，荤素搭配，营养互补，这是我吃过的最好的羊肉，果真名不虚传。

在大快朵颐中，毛加伟介绍说，文火砂锅羊肉的另一特点是提前炖制、提前准备，上菜及时快捷，就餐灵活方便，随到随吃，价格也明码合理。有了准确的市场定位，不仅得到了曲靖广大消费者的认可，还成为外地人到曲靖出差或探亲访友不可或缺的一道美食。它先后获得过"云南特色美食名店""云南十佳特色餐饮企业""曲靖市独菜店"等众多荣誉，已被列入曲靖市级非物质文化遗产代表性项目名录，值得推荐并好好宣传。

是以此文为记。

会泽大海草山

  会泽县位于滇东北乌蒙山主峰地段，山高谷深，沟壑纵横，大海草山独特的自然条件和地理状况，构成了朴实、原始、自然的亚高山草甸风貌，被誉为"滇东北的小西藏"。

1

  初识会泽，是因为一位风云人物——云南督军兼省长唐继尧。唐继尧是会泽人，滇军创始人与领导者，是中国近代史上一位颇受争议的人物，后人有"护国讨袁南天一柱，治滇兴教东陆独尊"之评说。唐继尧在云南执政近14年，筹办市政、发展实业，做了许多利民兴滇的大事，1923年创办了东陆大学（今云南大学）。迈进翠湖北路的校门，迎面是高高的台阶，拾级而上，有座西式风格的大楼矗立，名"会泽院"，明明是座楼，为何叫作"院"？我一直不解其意，但从此记住了"会泽"，也知道它离昆明很远。

2

会泽属高寒山区，有海拔3500~4017米，面积20万亩的大海草山，适合放牧山羊。所以，到了会泽，一定要美美地吃

会泽唐继尧故居

上一锅羊肉。羊肉在古时称羖肉、羝肉、羯肉，为全世界普遍的肉品之一。羊肉鲜嫩，营养价值高，其肉质与牛肉相似，但肉味较浓；较猪肉肉质要细嫩，与猪肉、牛肉相比，脂肪、胆固醇含量少。李时珍在《本草纲目》中说："羊肉能暖中补虚，补中益气，开胃健身，益肾气，养胆明目，治虚劳寒冷，五劳七伤。"

老朋友毛加伟是个美食家，他说，云南人吃羊肉，多以清汤全羊汤锅或黄焖羊肉等为主，吃法简单、方便爽口。会泽有个"羊八碗"，是家有百余年历史传承的老店，很有特点，是会泽的名特美食名片。

3

毛加伟亲自驾车陪我去会泽采访，同行的有曲靖市文化馆的调研员李玉学。各地的"非遗"保护中心就在文化馆，所以李馆长对曲靖的"非遗"项目是如数家珍。

行程中，我们的话题自然离不开羊八碗。羊八碗又叫全羊席，创办于清朝末年，最初是

羊八碗第四代传承人王天顺

🥣 羊干巴	🥣 红烧羊肉
🥣 峰浪望月	🥣 香葱沫肉
🥣 四季水煮	🥣 葱芫杂碎
🥣 黄焖羊肉	🥣 糊辣炒肝

由地方民间菜发展起来的。1911年的正月间，江西商人在会泽的江西会馆内宴请宾客，当地的习俗叫"请春客"。特地从县城西外街"王家老字号"壮羊馆请了王开云师傅主厨做菜。到了江西会馆，王开云率家人用羊肉制作了三桌羊全席，意为"三羊开泰"；每桌八个菜，比喻事业大发。"三羊开泰"获得好评，从此名声大振。后经过不断总结，王家把外来饮食文化与当地饮食有机结合起来，研发了"羊八碗"，经过王朝科、王本仁到王天顺，"正星楼羊八碗"已传承到第四代。

我们驱车径直来到会泽县振兴街的正星楼，"羊八碗"第四代掌门王天顺早已在门口迎候。王天顺身材敦实，个子中等，他经营"羊八碗"已有30多年，如今两鬓已有白发，技艺在传承中发扬，不断趋于完善和成熟。他介绍说，"羊八碗"系列名菜的制作已完善到9个工艺环节和18道工艺程序，主要原料鲜羊肉是当地羯羊，从宰杀到出盘、造型，每个步骤都融汇了传承人的辛勤汗水和智慧。正星楼的"羊八碗"采用了蒸、煮、炒、炸、焖、溜、滑等烹饪技法制作，对地方饮食文化的传承、发扬起到了重要作用，曾先后荣获云南名吃、云南名店等众多荣誉，在云南省餐饮文化中占有重要地位。

4

宾主坐定，王天顺通知上菜，"羊八碗"的羊干巴、峰浪望月、葱芫杂碎、四季水煮、红烧羊肉、黄焖羊肉、香葱沫肉、糊辣炒肝等八道羊肉菜依次上桌（根据人数多少和口味不同，可增减其品种）。羊干巴是下酒菜，色泽红润、香味独特，既有传统腌肉的醇厚，又具羊健包肉的鲜香。王天顺说，选用的是去皮剔骨后的羊腿壮健包肉，在冬至数九开始腌制，用盐 3 钱（比传统的少一半），腌制 1 个月即可。"峰浪望月"是羊肉凉片，用肥瘦适量山羊脊肉卷包煮熟后冷定成形，切片装盘，形如月牙，颇见刀工，吃起来口感自然，鲜香俱佳，油而不腻，壮而不肥。"葱芫杂碎"是选用山羊头、蹄、内脏，洗净切小，入锅涨沸，清水漂净后入锅炖煮，熟后装盘，辅以葱花、芫荽，汤色清亮、鲜美，肉品洁净分明，不油不腻，是羊肉菜中之上品。"黄焖羊肉"选用优质带皮山头肉，切为大小适中，入锅煸炒，加入适量水焖熟。色泽金黄，香气十足，色香味俱全，口味独特，很受欢迎，也是滇味羊肉菜中的大众菜。"红烧羊肉"选用的是山羊排骨肉，入锅煸炒，糊糖上色，入味后下锅炖煮。成菜色泽金黄，香甜适中，醇厚味美。"四季水煮"选用优质山羊脊肉，切片后勾欠粉，入锅滑溜，热料油焦，成菜色泽艳丽，香气突出，口味鲜嫩，舒服自然，老少咸宜。"香葱沫肉"类似昆明人喜欢的下饭菜"红三剁"；"糊辣炒肝"鲜香适口，有补血功效。

这天正好是十五，窗外月正圆，会泽"羊八碗"让我难以忘怀。

会泽稀豆粉

稀豆粉

稀豆粉和豌豆粉可谓是孪生姐妹，二者相差一个字，性质也各异：一干一湿，一块状一糊状，各有各的吃法，各有各的味道。是先有豌豆粉还是先有稀豆粉，这一点说不清楚也无需弄清楚，云南人都爱这两个粉。所不同的是，豌豆粉多半是凉拌吃，它是街边小吃店的方便食品，也是滇味筵席里一道菜；稀豆粉则是热吃，是云南人最爱吃的早点之一。当然吃时不是只喝稀豆粉，昆明是配上油条，名曰"稀豆粉油条"；滇西的保山、腾冲等地稀豆粉可以拌米线、卷粉，或把烧饵块撕成块放进稀豆粉里，也别有风味。

1

在云南，会泽稀豆粉是一道颇有特色的美食名片。

会泽历史悠久，是云南最早设置的郡县之一，因铜商文化而闻名遐迩，因明朝铸开炉纪念币"嘉靖通宝"而得名"钱王之乡"。五湖四海来做生意的商贾如云，各地会馆林立，如今保存完好的会馆有十几个之多，如江西会馆等。

虽说会泽全城都有卖稀豆粉，但要吃到有特色的，还得有当地人带领。毛加伟的朋友，画家赵正祥就是会泽人，一大早，他带我们去会泽城内的老街吃稀豆粉。

保存完好的江西会馆

会泽稀豆粉有个传说：远古时代，会泽坝子有一个浩瀚的湖泊，被称作"泽国"。水泽中住着9条凶猛蛮横的蛟龙，只要其中一条龙翻个身，就会掀起万丈波涛，淹没周围的村庄和良田。为了除去可恶的蛟龙，法力无边文昌爷爷扮做一个卖稀豆粉

"钱王之乡"

 会泽稀豆粉要放荞丝

 会泽稀豆粉店

的老者，用大锅煮了一锅稀豆粉等待蛟龙的到来。这天，一伙闲游浪荡的纨绔子弟出现在大街上，文昌爷爷认定这9个人就是蛟龙变的，便高声吆喝起来："吃稀豆粉啰！吃稀豆粉啰！好香的稀豆粉哟！"听到吆喝声，9个家伙蜂拥而至，唏哩哗啦吃得很欢，头都不抬。文昌爷爷瞅准时机，把煮稀豆粉的大锅猛一掀盖住9条兴风作浪的蛟龙。伏龙的大铁锅最后变成一座葱郁的青山，这就是会泽县城胜景——金钟山。

2

稀豆粉不但味道鲜美独特，而且营养丰富，开胃健脾，老少皆宜。在会泽，吃稀豆粉已成为当地人招待亲朋好友的特色美食，也是外来游客游会泽必吃的小吃。

会泽稀豆粉的独特之处是吃时要配菜荞丝。把荞面踏成薄片下锅后用松树枝慢慢烘烤，这样的荞丝切出来带有天然松树的清香。吃稀豆粉时，一般都要放油条或洋芋粑粑，先放佐料，再把油条撕成块放进稀豆粉里一起吃，美味妙不可言。稀豆粉浸泡过的油条、荞丝，软软的，香香的，吃起来非常爽口。

会泽稀豆粉

3

做稀豆粉要选用优质豌豆，磨细成面粉状后加入生姜等作料熬制而成。"煮"是关键，要掌握好火候，火大了容易把稀豆粉煮糊，糊了的稀豆粉是很难吃的。用小火，耐着性子用筷子不停地搅拌豌豆粉水。搅到水慢慢变稠，这时就要特别注意，不能煮得太稀，也不能煮得稠，稀了吃着滑嘴，稠了则粘嘴唇，稀稠要恰到好处。有一简单方法，煮到差不多时，用筷子插入锅中，随手提起，悬一股流线就可以了。煮稀豆粉和煮豌豆粉一样，要适量放些盐，吃起来味更香。

熬好后的稀豆粉，色泽淡黄，清香宜人。稀豆粉要吃热的，稀豆粉作料中，姜汁和蒜泥都不能少，有了它们味道方能出彩。其他作料是常见的油辣子、葱花、味精、酱油、芝麻油等。盛入碗中，撒上少许葱花、辣椒面、花椒面等。

油糕稀豆粉

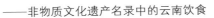

🍲 乌蒙山

富源全羊汤锅

○ 羊汤锅

富源，"富的源泉"，因为地下有煤，地名又取得好，曾几何时，富得流油，世界名车、豪车在这个山区小县竞相亮相。如今时过境迁，风光不再，但"富源全羊汤锅"依然香飘云南。

20世纪80年代，我因工作关系多次路过富源，当时的县城很小，过境的部分路段上全是没过脚踝的黑稀泥，街道两旁的人过路都很困难。究其原因，是拉煤的大货车太多，路面被压坏，当年中国还很穷，政府无钱改善环境，下雨后，泥浆与煤灰混合成了黑泥淖。虽然饥肠辘辘，但这样的地方我们无法下车，因而与富源全羊汤锅失之交臂。

富源人自豪地说，全羊汤锅荟萃羊身之宝，因此，在富源众多美食中，全羊汤锅可谓是一枝独秀。富源人还说，吃全羊汤锅的地方很多，如果是周末假日，或是款待外地朋友，则首选"胜境关"，到那里，既可感受厚重的历史文化积淀，看到"山界滇域、岭划黔疆、风雨判云贵"神奇景观，还可享受味觉盛宴——小街子全羊汤锅。

我曾两次到过胜境关，那里是古代出入云南和驻军的主要古道关隘。胜境关奇特之处，是以气候为界的自然奇观：西边云南红土地，东面贵州是黑土，一红一黑，界限分明，是为滇、黔两省天然的"地界奇景"。胜境关牌楼西边，面向云南的一对石狮子，身覆干燥的红土；而朝着东边贵州的一对石狮子则身披潮湿的青苔，令人称奇

🍲 全羊汤锅

叫绝。明代谪滇状元杨升庵从牌坊下进入云南，见此奇特景致，不禁感慨曰："西望则山平天豁，还观则箐雾瘴云，此天限二方也"，真可谓是以"天"为界的"界坊"。

"小街子"是富源县和贵州省盘县交界处的一个乡街子，因位于交通要道，是过往车辆此吃饭休息的最佳地。

小街子本来很"小"，因享有誉滇黔的富源全羊汤锅，于是，小街子就很"大"，大名被南来北往的人传开了，高峰时，羊肉馆沿两省交界的公路两旁一字排开，阵阵诱人的清香扑鼻而来。早年的羊肉馆，简陋的房屋、简易的家具，桌上的羊汤锅中间有一个铁架子，上面是一碗糊辣子蘸水，围在火锅旁汗流浃背的食客边吃锅里的肉，边大呼小叫地喝酒，展现着小街的市井气氛。

改革开放初期，每逢街子天，当地人就地找几块大石头，背两背木柴、煤炭，在公路边支个大铁锅，把宰好的山羊大卸八块，连羊头、羊脚、内脏一起扔到锅里，在烟熏火燎、汽车喇叭声中煮上几个小时。待赶街的人群越聚越多时，羊肉也炖好了。羊肉摊主烧几把糊辣子一揉，打碗蘸水，食客买碗羊肉，打碗酒，或蹲，或站，或土堆、石头上坐下，当街便吃，小街子吃全羊汤锅是为一道独特的风景线。

富源县特殊的地理环境，使其具有各类生态环境和较丰富的植物资源。富源全羊汤锅选用生长在寒冷山区的本土山羯羊，自然放养，生长缓慢，肉质好。山羊吃百草，食其有百味，全羊一锅熬，鲜美味齐全，其独特风味就在此，且营养丰富，颇具滋补价值。

如今吃全羊汤锅不必远到富源，曲靖市的麒麟城区开了多家富源全羊汤锅店，味道还是比较正宗的，当然，也就无法体会胜境关"雨师好黔，风伯喜滇，贵州多雨，云南多风"的独特自然奇观。

富源酸菜猪脚火锅

猪脚又叫猪蹄、猪手，分前后两种，前蹄肉多骨少，呈直形，后蹄肉少骨稍多，呈弯形。猪蹄中含有丰富的胶原蛋白，这是一种由生物大分子组成的胶类物质，是构成肌腱、韧带及结缔组织中最主要的蛋白质成分，具有美容养颜的作用。中医认为猪蹄性平，味甘咸，是一种类似熊掌的美味菜肴及治病"良药"。

中国人都爱吃猪脚，其做法也多，如黄焖猪脚、香卤猪脚、冬笋焖猪脚、莲藕猪脚汤、猪脚萝卜汤、花生猪脚等。"富源酸菜猪脚"，是火锅吃法，无论是富源、曲靖，还是省城昆明，大都生意火爆。猪脚还是那个猪脚，受到追捧的奥妙，在于"富源酸菜"。

曲靖朋友毛加伟是个资深"吃货"，对富源酸菜很有研究。他说，富源酸菜其实就是现在时尚的"酵素"，因为腌制时不放盐，是发酵而成，做成"干酸菜"成了家家户户的必备菜肴，被称为农民的"可口可乐"。在90年代以前的滇东北农村，包谷饭、干酸菜汤、水豆豉等是每家每户的主要食物（农作物青黄不接时常吃），由此养成了大部分滇东北人爱喝不加盐的干酸菜汤（也叫淡汤）的饮食习惯。由于现代物质

卤猪脚

"浓鼻子"酸菜

环境的改善，以干酸菜为主料的菜式也丰富了许多，如干酸菜面块、面条，干酸菜煮五花肉、豆腐、豆腐皮，干酸菜青豆米、酸汤泡饭等等。

水酸菜好吃主要是富源的水和气候特点，头天腌的酸菜基本第二天就可以吃，因有黏液，所以也叫"浓鼻子酸菜"（形象比喻，别恶心），出了富源则无此味道。有好事的人把富源的水、青菜、萝卜等原料带到外地，用相同的手法腌制，却做不出在富源腌的味道，而且还会腌坏。这类故事很多，有人说过一句话："美食无脚"，想想也有道理。

毛加伟说，富源酸菜猪脚火锅的鼎盛时期是1990年代，曲靖纺织厂工人下岗后，开了猪脚火锅城谋生，开始大概有二三十户经营，酸菜猪脚火锅的最大特点是价格便宜、实惠、口感好，在工资收入只吃得起米线的年代，普通人也敢到富源酸菜猪脚火锅请客，可见其亲民的价格，所以生意都很不错。各阶层的人士蜂拥而至，生意十分火爆，后来，随着房地产开发，规模逐渐小了。

富源酸菜猪脚火锅的特点是锅里有乾坤，丰俭随意，吃节俭的，酸菜、红豆、猪脚足矣；加入肘子、猪腿、酥肉则显丰盛，味道也更浓；最后下时蔬，火锅的通常吃法，可补充维生素。除锅子外，还有香辣猪蹄、炸豆腐、炸洋芋等。

我，包括我的家人也常吃酸菜猪脚火锅，当然不是远走曲靖，而是在昆明。虽然味道和富源比略有差异，但喜欢的就是那锅酸汤。正如加伟所说："每次吃猪脚火锅感觉很好，但又不清楚为何会想吃，仔细想想，原来是怀念酸菜的汤和卤猪脚肉。"

曲靖（沾益）小粑粑

"小粑粑"是沾益县的一道传统糕饼，沾益县属曲靖市管辖，因而"沾益小粑粑"也被叫作"曲靖小粑粑"。我有几个同事是沾益人，大家开玩笑时总是称他们"曲靖的小粑粑"，叫的人还拿腔拿调地模仿曲靖口音，

　　曲靖小粑粑

让人忍俊不禁。一来二去，"小粑粑"几乎成了曲靖的代名词，只要提到曲靖或是见到曲靖人，我的脑子里总会下意识地浮现出"曲靖小粑粑"这个词。但前些年，我从未见过"曲靖小粑粑"的庐山真面目，更别说品尝其中滋味了。

1

　　我有个曲靖朋友的母亲已86岁高龄，耳朵稍背，有时和她说话常答非所问，让人捧腹。在她的讲述中，定亲送沾益小粑粑，是从前曲靖老百姓的传统礼俗，传统的沾益小粑粑，有豆沙馅、白糖馅、酥子馅、桃仁馅等，都是圆而甜的，寓意着家庭团团圆圆、生活甜甜蜜蜜、日子长长久久。当曲靖人托媒人说婚成功，订婚的时候，男方就要按女方家的要求，邀约平时玩得好的哥们，用谷箩挑数百个"小粑粑"和塔盐、沱茶、红糖等聘礼一起送到女方家，女方则把男方送来的"小粑粑"分送到自己的亲朋好友家中。凡收到一份小粑粑的亲友，就知道这个姑娘已经许配给了人家，也意味

着将被邀请参加婚宴。所以说，曲靖小粑粑既是定情信物，又可当作请柬来用。姑娘正式出嫁时，男方家还要准备一些"小粑粑"在婚宴上使用，叫"担糕糖"，由新郎带着新娘到餐桌上认识男方家的亲戚朋友，用托盘托着"小粑粑"和水果糖，每人送给两个"小粑粑"和两颗水果糖，亲戚朋友也会准备一点零钱回赠新娘，这是新娘到婆家收的第一笔"私房钱"，新娘会很小心的支配，给公婆和父母买些礼物，报答养育之恩。

⬭ 陈艳娟是最后一批用"小粑粑"定亲的沾益人

2

定情信物的"小粑粑"，其实就是曲靖城乡一些传统样式的甜味糕饼，原来叫小饼子。原料以本地麦面为主，每个直径约10厘米，重量1公两，早期是用栗炭火和铁锅烤烙，后来用电烤箱烘烤。

年届花甲的何家云曾任原沾益县副食品厂

⬭ 小粑粑第三代传人何家云（右）徒弟陈艳娟（左）

糕点分厂的厂长，1970年进这家糕点厂学徒，师从尹绍敏师傅。尹绍敏是沾益县东门街人，生于民国元年。尹家兄弟二人民国年间在沾益县合伙开了个糕点铺，取名"尹香斋"，是正宗沾益"小粑粑"的二代传人。何家云有幸拜尹绍敏为师，成为"沾益小粑粑"的第三代传人。师傅教他做小粑粑的一句口头禅"油、糖、面，随手变，变出来就是饼"，至今何家云仍时时挂在嘴边。

在残酷的市场竞争中，曾经红红火火的沾益县糕点分厂，在体制和新旧观念的冲击中不断蜕变沉寂，垮了，承载着那段厚重历史的"沾益小粑粑"淡出了市场。提前退休回家的老厂长何家云，有时站在阳台上发呆，落山的夕阳看着就像个小粑粑，太阳明天还会升起，沾益"小粑粑"呢？

3

陈艳娟，人到中年，是最后一批用"小粑粑"定亲的沾益人。10多年前下岗，她凭着一股不服输的精神学做生意，在商海中搏击风浪，历练成了一位女老板。"沾益小粑粑"的原始风味，是陈艳娟难忘的童年成长记忆；让传统美食小粑粑重回市场，让每一个吃过的人都能享受到"记忆里最熟悉的味道"，让更多的人知道"小粑粑"，一直是她魂牵梦萦的想法。

何家云想找个合适的接班人，陈艳娟想让"小粑粑"起死回生，经曲靖市创业促进会主任保斌牵线搭桥，何家云和陈艳娟认识了。这天，陈艳娟怀着忐忑的心情登门拜访何家云，陈艳娟的坦诚和做事的执着，让何家云刮目相看，共同的事业让二人一见如故，何家云当即同意收陈艳娟为徒，老何把珍藏多年的手刻油印本《糕饼制作》的小册子郑重传给陈艳娟，悉心传授"小粑粑"制作技艺，且不收分文。

4

虽说离开厂子很多年了，但做起小粑粑来，老何手脚麻利并十分熟练，和好的面，他一揪一个准，成品小粑粑重量1两1个，不多不少，这可是多年历练的童子功！

○ 小粑粑腰间有一道不规则的裂缝

○ 小粑粑产品检验

在师徒二人的合作下，我终于见到、尝到了真正的曲靖"小粑粑"！

刚出炉的小粑粑色泽金黄，不油头粉面（低油食品），不花里胡哨（原汁原味），不掺添加剂，实实在在，好似乡间走来的纯朴农家女，朴实无华。掰开来，有股自然的清香，不油腻。烤熟的"小粑粑"饼面微微隆起（这是沾益小粑粑最明显的标志），腰间有一道不规则的裂缝（其他甜饼是烤不出来这条缝的），老何自豪地说，面粉、辅料质量上乘，和面软硬合适、火候恰到好处，三者的完美结合是制作小粑粑的三个重要环节，每个环节都不马虎，才能烤出腰间带缝的小粑粑，也才是正宗的沾益"小粑粑"。

我咬一口小粑粑，口感松软，慢慢咀嚼，有着麦面饼的清香味和甘甜，越嚼越有味，百年历史"沾益小粑粑"让我回味悠长。老厂长说，小粑粑不加防腐剂，可以存放25天都不会干硬，这就是"沾益小粑粑"名气的真谛。

5

我采写这篇文章是2014年，陈艳娟和师傅在沾益租了间民房试生产，面积不大，只能算是个烘焙"作坊"。离开时，我为陈艳娟捏了一把汗，虽说她早在商海中闯荡多年，卖过五金，现在经营的砂锅羊肉馆生意十分红火，但毕竟"小粑粑"又是一个新的行业，市场竞争如此激烈，她能行吗？

何家云口传身受，陈艳娟勤学好问，有名师指点，陈艳娟技艺日见娴熟。师徒俩以"原生态"和"与时俱进"的理念把曲靖小粑粑单一的品种变成了五仁、绿豆、苏子、紫薯、鲜花、火腿等馅的系列产品。小粑粑不加防腐剂，用的是净化水，自然发酵

手刻油印本《糕饼制作》

的面粉经过分面、分馅、包馅、烤制……麦香四溢，经过数道工序之后，色泽金黄的小粑粑出炉了——饼皮微微隆起，中间的朱红方印泛着暖暖的喜气，饼腰不规则的裂口仿佛等待着被一亲芳泽。

陈艳娟注册成立了"古滇文火"食品公司，厂房也搬到了曲靖城里，面积达2000多平方米，建有监控系统、仓库、换装消毒间、馅料间、生产车间、包装车间和检验室等，还隔离出开放式的走廊，供消费者和科普教育的学生参观，做看得见加工的放心美味食品。

陈艳娟生产的曲靖小粑粑以营养丰富、包装传统又时尚的崭新形象很快赢得市场。价格适中，服务跟进，是陈艳娟销售小粑粑的技巧；尚简而健康，尚实而不贵，是曲靖小粑粑的精髓，曲靖"小粑粑"重放异彩，成为珠江源头一张历史文化的美食名片。

每年中秋，我必定会收到陈艳娟从曲靖寄来的小粑粑。举头望明月，低头咬粑粑——品的，是民俗文化的古韵；吃的，是百年工艺传承人的匠心；感动的，是一个下岗后不向命运屈服的成功女人。

"功夫不负有心人"，陈艳娟又一次成功了！作为早期采访过并一直在关注她的朋友，我由衷为她感到高兴。

姜子牙，俗称姜太公，中国古代的一位影响久远的军事家与政治家，72岁时，借钓鱼的机会求见姬昌而拜相，是为"姜太公钓鱼，愿者上钩"；

姜子鸭，富源县古敢水族乡一道传统美食，二者虽然读音近似，却风马牛不相及，相差十万八千里。

"古敢""水族""姜子鸭"，估计大多数云南人都没听说过，知道的人不会多，因为那地方有点偏。

1

古敢是云南唯一的水族乡，位于富源县东南部云贵交界处。"古敢"属云南，

"勇敢"闯贵州——其东、南、北三面全被贵州包围。从富源县去古敢乡，需经贵州地界方能抵达；若从黔西南州进入云南富源，古敢则是必经之路，因而古敢素有"滇黔锁钥"之称。

水族是云南25个少数民族之一，水族被称为"远古走来的贵族"，以"鱼"为祖先的化身。"古敢"是水族语，意为"草木丛生，林中有水之地"。过去我对其知之甚少，如果不是这只"姜子鸭"，恐怕此生很难走进古敢。

　古敢乡水族

"姜子鸭"2013年被曲靖市人民政府列为市级非物质文化遗产项目名录。曲靖市"非遗"项目评审专家之一，曲靖餐饮行业协会毛加伟会长也是"早听其名未品其味"（皆因路途不便），用他的话来说"姜子鸭吊了我5年胃口"。

2

2018年的"五一"假期，在古敢水族美女范祥云、侯秋风指引和陪伴下，我们终于成行，加伟亲自驾车，我们一大早就直奔古敢水族乡去"会"姜子鸭。穿云南、过贵州，"路漫漫其修远兮"，有美女相伴，不觉旅途之乏味也。

范祥云夸起了家乡，补掌村是古敢水族乡水五寨之一，也是水族人口最集中的村寨，水族传统文化保存相对完整。站在村旁小山上放眼环顾，青青的稻苗蓝蓝的天，白墙青瓦的水族民居，清澈的补掌河蜿蜒流淌，古朴的石拱桥，肥沃的农田，飘逸的水草，戏水的鸭子，神秘的文字，典雅的民居，美丽的水族少女……一幅天然山水田园风情画，自然、亲切，让人神往。

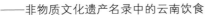

🥢 品尝姜子鸭

3

中午时分，我们来到古敢村山水农庄，范祥云请来乡文化服务中心的退休干部张学勤作陪。张学勤介绍说，姜子鸭是水族传统美食，食用历史久远，一直是待客的首选。水族善于种植水稻，鸭子平时就放养在稻田里，自由自在成长。姜子鸭用的是老鸭，配料是当地出产的小黄姜，鸭子性凉，姜是热性，二者可以互补。姜子鸭的用姜比例占到20%左右，"姜"味十足。

香味四溢的姜子鸭上桌，我们先舀一小碗汤细细品味，舌尖荡漾起姜汤味，犹如感冒时民间喝的红糖姜水，暖胃去寒。再吃鸭肉，是黄焖做法，咸中微甜，味道适口。席间，张学勤、范祥云即兴唱起水族民歌助兴，让我们再次感受到水族文化的魅力。

鸭子吃得差不多了，锅里的放入蔬菜同煮，荤素搭配，营养互补，这只久仰的姜子鸭让我们吃得十分惬意。一盘干腌菜炒腊肉，腌菜微酸，腊肉不咸，经炒制后脱去水分，干香诱人，味道扎实好，我们都放不下手中的筷子。

古敢虽远，不虚此行，我们不仅对水族、对水族文化有了初浅了解，也终于品尝到"别无仅有"的姜子鸭。

这只姜子鸭别无分店，要想尝美味，只能到古敢。

☐ 古敢乡

☁ 小木屋夜话

☁ 保山

保山市

"襟沧江而带怒水"的保山，是中国版图上开发较早、历史文化积淀深厚的边疆地区。保山古称永昌，历史上曾是滇西最早的原始居民"蒲缥人"的栖息地，公元69年，哀牢国归汉，东汉在保山设永昌郡，时为东汉第二大郡，大致相当于今滇西、滇南及缅北广大地区，其后的保山在中国历史上一直占有十分重要的地位。

保山市餐饮行业协会会长杨晓东是个美食达人，喜欢劈波斩浪下水游泳，10多年前杨晓东又"下海"了，这次不是游泳，是创业。经过学习探索，在他并不熟悉的餐饮业做出成绩，这与他爱读书，不断用新的知识来武装自己分不开。他有一篇《保山美食物语》，把保山市的美食作了概括，兹收录一段：

保山古城今不在，水泥丛林已替代，但吃的记忆还没忘记。

小北门的驼子豆粉，保岫广场门口大清早卖给学生的破酥包子、大饼，三牌坊的荞糕都是儿时的主食补品。仁寿门的菜园是我们放学回家后的乐园。烧窑子洋芋，烧茄子、茭瓜，沟里摸鱼很是自在。

腾冲人的食疗方式可取。冬天鸡刺根煮鸡，夏天各种竹笋上桌。和顺的浸鸭蛋，心红皮白还有蛋黄油太好吃。人家的鸭子是放养在稻田里吃螺蛳长大的。

踏遍青山，涉过沟河，这个过程就是养育，敬畏自然你才能发现美食。

初春的保山，雨后夜晚还有点冷，在杨晓东书斋旁的"小木屋"，我们围坐火塘，边喝糊米茶边做交流，晓东会长很健谈，我们的话题围绕保山饮食类"非遗"项目展开。

下村豆粉

🍚 下村豆粉色泽亮、口感柔韧鲜爽

　　下村地处保山城北近郊，昔日村里半数以上农户为"豆粉世家"，堪称老字号的"豆粉专业村"，有上百户人家继承祖业，既农且商，担儿悠悠地定时定点出现在城街村巷。他们各有各的主顾和"地盘"，很少相互较劲，虽发不了大财，小日子倒也不愁过。

　　正宗的下村豆粉系用豌豆磨浆熬制，曰"澄浆豆粉"，其特点是筋骨好、色泽亮、口感柔韧鲜爽，如人人称道的"驼子豆粉"及"董叫雀""一撮毛"等诸家所制豆粉，划出的粉线细可绕筷，质地、刀工均在同行中传为美谈。下村豆粉最考究的是作料：鲜红的辣椒漂油、斑白的芝麻油、焦黄的花椒油、翠绿的芫荽、乳白的蒜泥、乌黑的酱油、棕色的米醋……五彩纷呈，香气扑鼻。据说，在每一碗豆粉的成本中，作料占了近一半，这就是"下村豆粉"之所以能称为风味美食的原因之一。

🍚 下村豆粉用豌豆磨浆熬制

河图大烧

　　用下村豆粉佐餐，再加上一道保山传统名菜——皮酥肉嫩的河图大烧，更是美不胜收，滋味无穷。

　　"河图大烧"又称烤猪，是为保山盛筵上的一道大菜，尤以河图镇所烤的最负盛名。河图镇位于保山坝中心，地处哀牢山西麓。大烧选用的是当地产的细骨猪，细骨猪属温带小型猪，体型似泡涨的大豆，被称之为"豆圆猪"。把饲养至35~40公斤的半膘猪屠宰后，去毛洗净，撑开腹部平放在专用的炉灶上，用木炭火烧去表皮水分，然后扎针、涂上酱油、姜汁、食盐等调料，使之渗入肉内，再放在炉火上，腹背轮番烘烤至猪皮焦黄，刮去麦皮焦质，再扎针、涂调料、烘烤，如此反复三遍，直到熟透为止。

河图大烧

🥣 "大烧"外酥内嫩

🥣 河图大烧

🥣 大烧切成丝，与酸腌菜相拌

　　"大烧"外酥内嫩，皮色金黄油亮，肉质鲜嫩细腻，香脆酥润，肥肉透明，食之不腻；瘦肉细嫩，色、香、味俱佳。食用时，将大烧切成方块，用醋、酱油、辣椒油、芫荽末、蒜泥等制调料蘸食，也可将大烧切成丝，与酸腌菜相拌，加上调料后别具风味。

⊖ 潞江坝香茅草烤鱼

　　杨晓东往火塘里添了根木柴，说起了潞江土司食谱菜肴。保山潞江坝傣语称"勐赫"，过去是傣族土司管理的地方，潞江坝风光旖旎，其神韵被归结为"一山"（高黎贡山）、"一江"（怒江）、"一坝"。

　　潞江土司原姓曩，随沐国公平滇有功，明洪武十五年（1382）封为潞江长官司，永乐九年（1411）升为安抚司，而后世代相袭，自至解放。潞江土司系滇西八大土司之一，世袭共21代，统治潞江坝达658年。

　　作为当地最高统治者和傣族土司，潞江土司食谱菜肴以傣味菜为主，以云南其他傣族菜大同小异。如今，三进六院的潞江安抚司司署已经不复存在，潞江土司的原貌已然消失殆尽，只有一座岌岌可危的土司小姐的绣花楼默默地注视着潞江的发展和变化。土司制度虽然消亡了，但土司文化仍有许多值得研究的地方。

蒲缥甜大蒜

🍶 蒲缥甜大蒜

蒲缥甜大蒜是150多年前当一户王姓人家创制的。《新纂云南通志》载："民国九年，在云南省第一次特产品评会上，永昌（保山古称）之腌大蒜颇著名，尤以蒲缥王记美和号甜大蒜负盛名。"《保山县志续编》记载："蒲缥腌大蒜，专用糖腌制而成，佐食佳品，远近闻名。"有诗赞云："蒲缥大蒜享誉高，辣子薤头亦自豪；家居旅途皆方便，馈赠亲友把情交。"

腌制甜大蒜一般都在农历腊月进行，以鲜大蒜、红糖、米醋为原料，加上草果、八角、茴香等佐料。鲜大蒜选用的是保山特产的"离壳蒜"（又名香蒜）。这种蒜白色，瓣大，均匀一致，辛辣适中，有香气。先将鲜大蒜割除根须，剥去外皮（留下1~2层内皮）洗净，把红糖、米醋和佐料合在一起放入锅内，加清水熬成汤汁倒入缸内，待汤汁凉后，把大蒜放进缸内，汤汁要淹过大蒜，然后用布盖住缸口，用麻线扎紧，加上木盖，腌制至少要经过8个月，中间还要换汤2~3次。腌制时间越久，色香味愈佳，久存不变质。

蒲缥甜大蒜保持了大蒜整个原形，色泽黑红光亮，清香脆嫩，甜酸适度，味美可口，是佐餐佳品，有开胃、助食之功效。

金鸡火瓢牛肉

第二天中午，杨晓东会长、杨丽晖秘书长陪我们去体验金鸡乡的"永昌清真火瓢牛肉"。

"火瓢牛肉"是保山市金鸡乡农民张信宗于1989年创办的，因用铜瓢作锅而得名"火瓢牛肉"，成为保山一道招牌菜。2011年被杨晓东发现品尝后，收入其主编的《保山美食风情》，享誉云南。随着生意火爆，一时间模仿者纷纷跟进，好在张信宗2003年就在国家商标局注册了"火瓢"商标，有的便取名永昌"铜瓢牛肉"，类似的店昆明城内也随处可见。

🥣 火瓢牛肉

🥢 请您品尝

所谓"瓢"是手工打制的长柄红铜锅，火瓢、火锅其实是近亲。"火瓢牛肉"的特色在于火和瓢，一桌一灶，根据各自口味可选择清汤或麻辣锅底。卤水是张信宗家独创，秘不外传；所用调料均为天然植物香料；牛肉选用的是保山特有的黄牛品种，整头牛一锅煮，用尽所有食材熬制，牛汤鲜香。上桌的带皮牛肉，肥瘦适合，嫩滑爽口。除牛肉外，还有牛干巴、牛杂、腊鹅等主菜，另配有白菜、番茄、胡萝卜、小瓜等时蔬，荤素搭配，红红火火，爽口又过瘾。

🥢 火瓢牛肉

金鸡口袋豆腐

⬬ 金鸡口袋豆腐

金鸡是保山的一个乡，这里有一种豆腐被称之为"口袋豆腐"，堪称豆腐制品中的一绝——形似口袋，外皮色泽金黄，内瓤洁白如玉，外酥内嫩，柔而不韧，富于营养，食之让人口齿留香，是保山乃至滇西一道名菜。

金鸡乡位于保山城东隅，当地有俗语："长不过郎义，大不过金鸡。"这里有建于唐玄宗天宝初年的金鸡寺等古建筑，更有淳朴的民风。相传明末清初的担当和尚云游至金鸡寺挂单讲经，感其金鸡水质鲜甜，便研创出滋味鲜美的素食佳品"口袋

⬬ 豆腐坊

— 非物质文化遗产名录中的云南饮食

“非遗”传承人高文金

豆腐”，并留有对联“嚼铁丸不费力气，食豆腐需下功夫”，是为哲理名句，金鸡寺至今还保留着做口袋豆腐的石磨。

保山市餐饮行业协会会长杨晓东亲自驾车陪我们来到金鸡乡。走进鲜花盛开的保山“金鸡口袋豆腐园”，阵阵豆腐香扑面而来，院内，中式门庭上蓝底白字的“街友百年豆腐坊”匾额格外醒目。金鸡口袋豆腐制作技艺“非遗”传承人高文金和杨晓东很熟，邀请我们走进豆腐坊观看口袋豆腐制作过程。

制作豆腐和其他地方无异，无非是磨黄豆，打豆浆、过滤豆渣，点卤水，压制成型等工序，但“口袋豆腐”的制作则是金鸡乡的独门绝技。先把做好的豆腐压紧发酵，然后切成小方块放入油锅，炸到皮呈金黄脆壳，用漏勺捞出放入土碱水中浸泡。

炸豆腐

高文金亲自操作，一边炸豆腐一边说。“土碱水中浸泡最为关键，”杨晓东会长补充说，“如今土碱价格不断走高，口袋豆腐的成本自然也高。”

炸好的“口袋豆腐”吃的时候放作料、蔬菜下

压紧发酵

豆腐成品

锅同煮，热气腾腾的汤水里，一块块香黄的豆腐错落有致地排列着。拿汤勺轻轻搅一搅，香黄的豆腐块、翠绿的白菜叶，屡屡清香让人垂涎欲滴。用筷子夹起一块，晃晃悠悠，胀胀鼓鼓的，就像充足了水的皮囊；夹住中间它两头鼓，夹起一头又往下坠，如同淘气的孩子。拿勺子挑起一个口袋豆腐，表面看起来长方的口袋，里面装的是满满的白色的豆花汤汁，皮脆嫩而香甜，轻轻一咬，豆腐里的汤汁散发出阵阵清香，入口即化，很是香甜。

　　吃口袋豆腐讲究一冷，二咬，三吸，四嚼。先把口袋豆腐舀到碗中，稍冷后喝喝汤水，清除口腔中的其他味感，帮助味蕾全面放开。待汤汁喝完后，将口袋豆腐轻轻夹起放到嘴边，先用外唇感受一下豆腐的温度，然后将豆腐外皮咬开一个小

杨晓东会长也是行家

孔，慢慢吸食里面的豆花，待豆花吸食完后，方嚼食外层的豆腐皮。口袋豆腐内藏乾坤，让人在进食中品悟"欲速则不达"的人生哲理，不愧为传统饮食中的一朵奇葩。

昌宁傣族民间菜肴系列

○ 鸡枞

　　保山市餐饮行业协会会长杨晓东在《保山美食物语》这样写道：到昌宁走走，你会发现世上做鸡枞的方法没有昌宁人更聪明。油鸡枞，到处会做，淹鸡枞就少见，酱鸡枞唯有昌宁有。昌宁鸡枞多，山林好，水土保持的良性循环，土地给昌宁人绝好的美食，乡党们的山水情直接就是保护好我们的森林家园。

　　鸡枞被称菌中之王。去皮后的鸡枞色泽与鸡肉相似，煮汤鲜嫩醇香，肉质细嫩、洁白如玉、口感独特、有鸡肉的特殊香味，因而得名鸡枞。据清末文人阿瑛在《旅滇闻见录》中记载，明熹宗朱由校最爱吃云南鸡枞，每年雨季，皇上的亲信大臣专门到云南做好安排，每天将现采集的鲜鸡枞收在一起，有专人通过各地的驿站飞马向京中传送，大有杨贵妃吃鲜荔枝，不知跑死多少马的意味。"物以稀为贵"，京城鸡枞菌稀罕难得，加之高宗皇帝太偏爱此物，以至于连正宫娘娘张皇后也没有分享这一佳肴的福分。

　　昌宁油鸡枞、水鸡枞都已列入保山市级非物质文化遗产名录。

傣族竹筒饭

🍚 竹筒饭

　　傣族竹筒饭是用新鲜的竹筒装上大米烤熟的饭食，分为普通竹筒饭和香竹糯米饭两种。普通的竹筒饭，傣族、哈尼族、拉祜族、布朗族都常煮食，早先是外出干活时在野外制作，青翠的竹节里，米饭酱黄，香气飘飘，口感柔韧，风味独特，源远流长。

　　煮竹筒饭时，将新鲜竹节砍下装入糯米，加水浸泡若干小时，用芭蕉叶或干净的甘蔗叶塞住筒口，放在火塘内用文火烧烤或置于烤炉上烘烤把水煮干，将竹筒放在平整的木板或地板上轻敲数遍，剥去竹筒的薄皮，便获得一条圆柱形的米饭；或将竹筒带饭砍成两半，各端一半食用，米饭包着一层白色竹瓤，带有竹子的清香，融糯米香、青竹香于一体，令人体会一种独特的山情野趣。

傣族糯米粑粑

🥣 糯米粑粑

制作糯米粑粑的主要原料有糯米、红糖、芭蕉叶、猪油等。先将糯米加水磨成吊浆粉，再加入红糖揉成团，抹上猪油，用采来的新鲜芭蕉叶包成长条状，上锅蒸至糯米团变成棕红色就可以食用，口感非常好，软软的还很有咬劲，香甜可口，除了芭蕉叶的清香，还有红糖以及糯米的香气。糯米粑粑也叫泼水粑粑，过去要傣历新年才能吃到泼水粑粑，就像是汉族过年时候吃的年糕，它寓意着事业有成年年高，生活滋润节节高之意，现在一般的傣味饭馆都能尝到。

傣族牛撒撇

🍲 牛撒撇

傣族"撒撇"的"撒"是傣语，汉语意为凉拌，分柠檬撒撇和牛撒撇。撒撇制作方法考究，刀法细腻，用料新鲜，佐料齐全，费时费工，是典型的"功夫菜"，但也是傣家人待客的首选菜。

牛撒撇是最有特点的一种，碗里的牛撒撇颜色绿中带点枯黄，气味特殊，有一种野草混合着泥土的芳香。牛撒撇之所以特殊，在于它所用的独特原料——牛吃进肚里和胃液混合在一起但还没被消化吸收的东西。知道底细再去吃，有的人难以下咽，甚至发恶心，但如果没有牛胃里的这些东西，就不能成其为牛撒撇。所以第一次吃牛撒撇，什么也不用想，当你嗫着鼻子鼓起勇气吃下第一口时，味道怪怪的，辣味、苦味、说不清什么味从鼻腔直冲脑门，咂咂嘴，再吃一点，会感到回味悠甜。

都说第一个吃螃蟹的人是勇士，我说第一个吃牛撒撇的人一定是民间郎中。牛苦肠水具有丰富的百草营养成分，胃热上火、风火牙痛以及内体的炎症，吃了撒撇后可消炎止痛，不懂点医学常识是不会来吃它的。所以牛撒撇可算是一道药膳，吃后心清气爽，暑气全消，最适合在炎热的夏天吃。

傣族烧鱼

　　傣族村寨多与河流为邻，无论男女，傣族都喜欢抓鱼、吃鱼，有无鱼不成席之说。傣家人最爱把腌制入味的鲫鱼、罗非鱼用香茅草捆裹好，用木炭小火慢烤至鱼熟透，食之味道鲜嫩奇香。

　　香茅草是生长在亚热带的一种茅草香料，散发出一种天然浓郁的柠檬香味，有和胃通气、醒脑催情的特殊功效。把新鲜罗非鱼的鳞片去掉，用刀划开鱼腹，去掉肠肚杂物，洗净；将葱、姜、蒜、青辣椒、芫荽切细，与盐拌匀；佐料放进鱼肚子里，把鱼肚子合拢，用二三根香茅草叶捆好，用竹片夹紧放在火炭上烘烤。待八成熟时，抹上猪油，继续烘烤5分钟左右即可食用。由于罗非鱼肉鲜甜少刺，细腻嫩滑，深受人喜爱。再加上在碳烤的过程中，填入鱼腹中的香料、腌制的香料与肉香完美的融合，使得香茅草烤鱼味道独特，具有香、酥、鲜的特点，极能增进食欲。

🍲 牛肉松

　　牛肉是中国人的第二大肉类食品，氨基酸组成比猪肉更接近人体需要。牛肉蛋白质含量高，脂肪含量低，味道鲜美，受人喜爱，享有"肉中骄子"的美称。

　　傣族善于用牛肉制作菜肴，最常见的是牛肉干巴，一般是用黄牛肉和其他调料一起经过腌、烤、炒数道工序制作而成，芳香浓郁，余味悠长，携带方便，并且有丰富的营养。牛肉松是选用新鲜的优质精瘦肉经煮制、炒干、搓松等工艺制成的一种营养丰富、味美可口的肉制品，含有钙、镁、钠、锌、锰、铁等多种元素，深受消费者的欢迎。

施甸年猪饭

杨晓东曾在施甸工作多年，说起施甸如数家珍。他说，对于外界许多人来说，位于怒江东岸山谷中的施甸是座名不见经传的山区小县，但它有着独特的布朗族民族风情和特色的饮食文化，近年来开始受到关注。由于特殊的地域环境，每年十冬腊月施甸农村家家户户都要宰杀年猪，邀请亲朋好友吃上一顿，这就是闻名遐迩的施甸"年猪饭"，"金布朗""年猪饭"如今已是施甸的两个特色品牌。

🥣 水腌菜拌红生

施甸坝春色

　　杀年猪是施甸人自古以来的传统，关于这个传统的起源有不同的版本，除了大多数人认可的"姚关人狩猎说"之外，还有一种叫"契丹人庆功说"——即杀年猪是契丹人落籍施甸之后才有的，因为契丹人常年随政府军队出征平叛，而很多年轻人一去不归，战死沙场，家里人每到年前就杀好猪，宰好羊，期盼亲人归来为他们庆功，同时也为了祭奠战死之亡魂。其实杀年猪是云南大多数地区的习俗，用于宴请亲朋好友和储备几道常年可食用的腌腊。

　　施甸年猪饭以红生、猪旺子、薄片肉为主菜，荤素兼备，油而不腻，原汁原味，老少皆宜，堪称滇西原生态佳肴。第一道菜是"红生拌水腌菜"，这道菜很有讲究，要选上好的脊肉剁成肉泥，水腌菜是野生的油菜花提前三四天腌制而成，要菜花不

　　🥣 藕拌凉鸡

　　🥣 萝卜丝鲊肉

🍲 白肉蘸猪血

🍲 炒胡豆

🍲 蒜苗炒猪肝

🍲 葱姜炒肉

变色、酸味够、水分足才是最佳。先将肉拌入腌菜水中，待肉变成嫩白透红时再配上齐全的佐料，这时吃起来才会嫩、甜、香，入口嫩滑而有味，加上菜花的清脆可口，可谓是年猪饭中的极品菜肴。这道菜还有个故事，相传善狩猎的"姚关人"每次狩猎回来，都要把猎物身上最好的肉拿去供奉山神。一天正在供奉时，几粒野果（后称盐霜果儿）落了下来，掉在肉上，顿时，鲜红的肉变得白白嫩嫩，尝一尝，腥膻全无，鲜嫩味甜，酸香可口，"原来这是上天教给我的吃法"，从此这一吃法就延续了下来（毕竟是生肉，外地人最好浅尝辄止）。

"蒜苗炒猪肝，你说香不香……"这是一首流传当地的民谣，说的是年猪饭的一道菜；白片肉蘸猪血，苤菜根炖鸡、藕拌凉鸡、猪血炒胡豆、旺子排骨等都是当地老少妇孺皆知的佳肴。用当地的绿皮大豆点制的豆腐，加渣排炖豆腐，口感疏软，色鲜味醇；用当地红萝卜丝腌制的鲊肉，火色熟而不炪，色泽自然红润，味道鲜香脆嫩；用当地上好的绿皮大豆煮熟装入草篮发酵，用腊八水浸泡置阴凉处数日而成的水豆果

🥣 旺子排骨

🥣 荤菜根炖鸡

儿，辣而不火，香味浓郁。这些食品，不加任何色素和添加剂，是原汁原味的绿色食品。

杀年猪后，施甸把剩余的肉腌制成火腿、骨头鲊、豆腐肠、鲊肉等食品，用于一年食用和招待来客。长此以往，施甸人形成了一整套的传统酱菜加工技术，用当地传统的配料配方、独特的加工方法加工制作成的骨头鲊、萝卜丝肉、水豆果儿等风味食品闻名省内外。腌制的火腿切开先观其色，上桌即闻其香，食之其香味无穷，回味悠长，施甸腌腊系列制作工艺也是保山市级的"非遗"项目。

🥣 吃年猪饭

🥣 独特的布朗族民族风情

🥣 鲊排炖豆腐

🥣 青菜芋头汤

附：年猪饭　菜单

水腌菜拌红生　藕拌凉鸡　萝卜丝鲊肉　白肉蘸猪血　炒胡豆

蒜苗炒猪肝　　葱姜炒肉　旺子排骨　苤菜根炖鸡　鲊排炖豆腐

青菜芋头汤

施甸干栏片

🥟 施甸干栏片

　　干栏片是保山施甸的一个特色美食，原料是豌豆粉。豌豆粉调制成浆，下锅煮熟后是为稀豆粉，将其均匀的沥在半块竹筒外侧，冷却后用线轻轻勒下，晾到洗净整齐的稻草上晒干既是干栏片。干栏片是施甸人的一大发明创造，因其味道独特，自诞生起就远销国内外，成了施甸人馈赠亲友的佳品。干栏片的吃法多样，可用于烩菜、入汤，但最佳的吃法是油炸，出锅后似泛着诱人光泽的金色波浪，豆香清远，沁鼻而来，脆香入口即化，是品酒下饭的绝配。

　　干栏片来历有这样一个传说：清朝末年，施甸有个名叫董文华的孤儿，虽目不识丁，但聪慧过人。有一年去帮工时，因吃苦耐劳很受主人喜欢。一天，主人做了豆粉，作为筹劳赠给董文川。当时能吃上一碗豆粉可是最好的美食了，董文川舍不得吃完，但豆粉又湿又嫩怎么保存下来呢？抬头看见院场外金灿灿的阳光洒落在蕉叶上，他脑袋一转，便用小刀把豆粉划成片放在蕉叶上晾晒。傍晚，饥肠辘辘的董文川取下

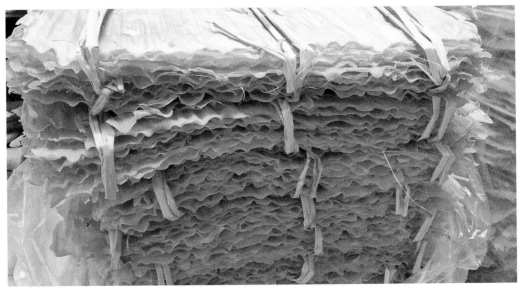

🥢 施甸干栏片

豆粉时，却变薄变硬了，难以嚼咽，于是他想到了用油炸的办法，一尝试，味道好极了。

做了倒插门女婿的董文华后来想到了做豆片来维持生计的办法，但用刀片划豆粉，做工很烦琐，且豆片厚薄不均，难以保质。在妻子的支持下，经多试验，他终于找到一种省时又能保质的最佳方法。此后，每当清晨鸟雀啼叫的时候，他家简陋的小院里就传出"嗒嗒"的声响，如同跳动的音符在村中萦绕，好奇的人问："你家在做什么？"因在制作时需在铁锅两横头置两根形似干栏楼的木棍，那声响就是竹瓦和木棍撞击发出的声音，董文华随口答："打干栏"，干栏片由此得名。

另有一说，保山位于"茶马古道"，马锅头上路备菜有三宝：豆豉、腊肉、干栏片，都是干菜，易保存。赶马的人忌讳很多，吃饭叫"牵锅"，因"饭"与"犯"同音；豌豆片叫"干栏片"，即"赶狼"，喻义旅途不受野兽的侵扰。

食用时，将干栏片放入八成火候的锅油炸泡后即可食用；也可将"干栏片"放入"酸腌菜蚕豆米汤"中煮食；还可用"干栏片"炒"藠头鲊"、炒腌菜，都十分美味。

百年老店 "芝兰轩戈记" "桂香楼"

早晨的一场春雨，洗去了保山板桥镇青龙街的浮尘，有着千年历史青龙街是板桥古镇的中心街道，街面由青石板铺成，深嵌着串串马蹄印；房屋的建筑多为小面宽，大进深，前店后宅式，形制古朴，至今仍保存完好。残破的老街，吞吐着千年风云；小小的门楼，深藏着巨大的秘密。在保山市餐协杨丽晖秘书长的陪同下，我们到青龙街采访了百年老字号"芝兰轩""桂香楼"，两家都是保山市糕饼制作的"非遗"传承人。

1

从相关资料上得知，保山"福元斋"分号1861年由戈立靖的曾祖父戈绁迁居板桥开张营业，1894年由戈光文接手经营。因往来账务常与总号"福元斋"混淆，为了便于管理，避免矛盾，遂改名为"芝兰轩戈记"糖果糕点铺，独立门户，后传至其祖父戈兴文和母亲杨竹云，再传给戈立靖本人。现在，"芝兰轩戈记糖果糕点铺"的掌门是戈立靖的儿子戈晓春。

"芝兰轩戈记"一直沿用原有的配方和制作工艺，糕饼的口味和特色恒久不变，韵味悠远。产品有蛋糕、金钱饼、赖饼、口酥、白糖饼等10多种，制作精益求精，香甜适口，松软酥脆，原汁原味，保存期长。过去芝兰轩糕饼产品除在本地销售外，临沧、德宏等地客商逢年过节前来订购的也很多，都是用马帮运送出去的。保山市民为吃一口芝兰轩糕点，不惜跑到离城10多公里外的板桥镇购买。

◎ 戈晓春

2012年，"芝兰轩"被列入保山市非物质文化遗产代表性项目名录，"非遗"传承人戈立靖早已过花甲之年，近半个世纪的糕饼业制作生涯，积累了丰富的经验，如今交由儿子戈晓春传承接班。

戈晓春介绍说，"我打懂事起就和父亲学做蛋糕，耳闻目睹和长期实践，现在闭上眼睛都能操作"。为了

◎ 芝兰轩戈记

◎ 芝兰轩糕饼

确保芝兰轩糕点质量，从选原材料上就要把好关，我们一直坚持买土鸡蛋，面粉则是头道面粉，菜油是直接从农户手中收购油菜籽自己榨，这是祖上传下来的规矩。"要把好每一关，如果一个环节出问题，丢了品牌是小事，祖宗脸是丢不起的。"戈晓春如是说。

2

与"芝兰轩"隔街相望的是另一家糕饼老字号"桂香楼"，两家几乎是门对门。这对"冤家"在青龙街上既合作又竞争，既争奇斗艳，又情同手足，形成了青龙街的一道景观。

"桂香楼"的店铺门面整洁，从里到外散发着的甜美馨香，用百年炼就的祖传美食绝技征服着世人，不仅成为保山市非物质文化遗产保护项目，还登上了《舌尖上的中国》的备选名录。

一直以来，"桂香楼"以其价廉物美、诚信经营、童叟无欺而深受百姓的青睐，成为板桥镇响当当的食品品牌。"桂香楼"的糕点有红糖蛋糕、金钱芝麻饼、荔枝酥、牛舌头粑粑等。做法传承祖传配方，采用面粉、猪油、糖、鸡蛋、蜂蜜、芝麻等纯天然原材料加工生产糕饼，不使用任何添加剂和防腐剂。在工艺流程中，除了在烘烤过程中采用电烤箱外，其余环节全部都是传统的手工操作。制作流程以制皮、包

🥟 隔街相望的芝兰轩与桂香楼

🥟 桂香楼糕饼

馅、切块、成型、烘烤为主。"桂香楼"所生产的糕点具有松、软、酥、香、脆等特点，并且甜而不腻、香而化渣、脆不顶口，久存不变质不变味，是如今少有的绿色健康食品。经相关部门的检测，富含碳水化合物、蛋白质、脂肪、各种维生素及钙、钾、磷、钠、镁、硒等矿物质。

🥣 芝兰轩蛋糕

1980年，借着改革开放的春风，董松涛的祖父重新在青龙街上挂起家传百年的"桂香楼"金字招牌，带领全家人沿用祖传的糕饼制作方法加工出售糕饼。董松涛14岁初中毕业后，就跟随着祖父和父亲学做糕点，父亲病故后，已经精通"桂香楼"传统糕点制作工艺流程的董松涛顺理成章地成了"桂香楼"的第六代继承人。如今董松涛已是知天命之年，话语不多，经常在铺面上忙着给食客们切糕、包饼。董松涛说，他的先祖由南京应天府迁至保山蒲缥落籍，第一代传承人为先祖董桂礼，第二代传承人是其曾祖父董香卯，第三代传承人董槐于1901年举家迁至板桥定居，夫妇二人遂起名"桂香楼"挂牌经营，传承至今。如今，董松涛的儿子董晓军亦成为第七代传承人。

董松涛依靠着祖传的这个秘方发家致富，盖起了楼房，一家人辛勤劳动，尊老爱幼，其乐融融。坐在"桂香楼"里平静地看着人来人往的马馨兰老人说：我们桂香楼的糕点就是真，可以放心地吃。

前店后厂的"芝兰轩""桂香楼"两个家传小店，像一对绽放在百年老街的并蒂莲，以不变应万变的恬淡心境生存着，发展着，在风云变幻的时代，仍坚持祖传的技艺，用百年美食吸引着人们的脚步，征服人们的味蕾。

腾越古城

　　腾冲古称腾越，西部与缅甸毗邻，地理位置重要，历代政府都派重兵驻守，明代还建造了石头城，称之为"极边第一城"。如今腾冲名气大得很，其旅游的后发优势让云南许多老牌景点难望其项背。这座南方丝绸之路上的历史文化名城，历经沧桑，积淀了丰实深厚的历史文化，边陲古道的马铃声，记录着中、缅、印的商贸历史；春秋战国时期的铜案、铜鼓凝集着两千多年悠久灿烂的文明；石雕佛像，闪烁着中原与东南亚文化交流的光芒；第二次世界大战中，中国军民在这片热土上抗击日本侵略军，捍卫了中华民族的尊严。庄严肃穆的国殇墓园里安息着为国捐躯的抗日英烈，数千座墓碑向后人昭示着民族精英抵御外辱的浩然正气。

大薄片

"大薄片"是腾冲一道名菜，是切成薄如蝉翼的猪耳朵。

腾冲位于茶马古道上，民间有一说，猪头肉吃多了会发病，而赶马帮外出的男人们又好吃，勤劳、聪慧女人们便苦练刀工，把煮好的猪耳朵、猪拱嘴切成大块薄片，肉下面用豆粉垫底，外表看一大盘，吃起脆香有劲，回味无穷。但数量有限，整盘吃完也不碍事，更不会有发病一说。

在"和顺之家"，65岁的肖枝金师傅当场为我们表演切"大薄片"。肖师傅干这行已有30多年，刀工娴熟，神情镇定，唰唰唰……眼花缭乱之际，大块的猪耳朵化为片片"薄纸"。肖师傅不无得意地拿起"大薄片"展示，不但薄，还有些透明，薄出了质感，依稀看得见肉片后面的物体，让我们叹为观止。据说当地有位大厨曾将1只猪耳朵片出了26层，其中22张是整张的。

"大薄片"配上佐料，吃进嘴里，柠檬的酸、香菜的香、薄荷的凉、葱姜蒜的家常味道，混合着辣椒芝麻酱的市井气，肉质脆嫩，皮筋韧，肉肥而不腻，口感劲道爽脆，咬嚼有劲，香鲜爽口，风味别致，回味无穷。

🥢 肖枝金切的"大薄片"薄如蝉翼

🥢 大薄片下面用豆粉垫底

腾越镇饵丝

🥣 腾冲饵丝

　　饵丝、饵块在云南各地都有，但就其品质及知名度而言，腾冲饵丝独树一帜。腾冲饵丝采用当地特产浆米加工制作而成，产品精制，择料极严，工艺亦十分考究，其突出特点是柔软而有"筋骨"，久煮不烂，稍烫可食，口感细糯，至今已有近400年的历史，为腾冲本地和外来客人所普遍喜爱的方便小吃。

　　腾冲饵丝一般是煮了吃。将饵块切成细丝，用滚水烫熟，加上鲜肉丝或火腿丝、肉汤或鸡汤，佐以酱油、葱花、芫荽及少许酸菜即成。在昆明，腾冲饵丝店已然是一道美食风景线，每隔一段时间，我总要去吃上一碗解馋。炒饵块则是将饵块切成片，加鲜肉片、鸡蛋、西红柿、豌豆尖或小白菜等调料，下锅热油炒熟而成。300多年前，腾冲民间这盘"炒饵块"，让逃难中的南明永历皇帝朱由榔大快朵颐，直呼"救

🍲 腾冲饵丝

🍲 腾冲稀豆粉饵丝

🍲 大救驾

🍲 青龙过江

了朕的驾也"，腾冲炒饵块由此得名"大救驾"。在进餐的时候要喝腾冲干酸菜做的

"青龙过江"汤，会让你食欲大增。

腾越镇稀豆粉

🍚 稀豆粉

　　稀豆粉是云南一道常见的美食，是用上好的豌豆磨粉，经煮制成稀粥状而成。在和顺之家后厨，我目睹并拍摄了肖家父女制作稀豆粉过程：过滤完的三道浆要晾一个钟头左右，让小粉沉淀，然后点火上锅煮，先是三浆，煮沸再倒二道浆，最后放头浆，同时要把沉淀下来的小粉一起点上去，这道工序俗称"上浆"。煮浆的火候也很

🍚 肖霞做稀豆粉

🍚 稀豆粉是云南人最爱吃的早点之一

有讲究，何时小火慢炖、何时大火顶起，要有丰富经验的人才能得要领。上浆后豆粉会慢慢变稠，此时要不停搅拌，搅拌的力道和频率都很讲功力，不会搅拌的人会搅得满身都是浆，或者是豆粉起疙瘩、变糊等。要铆足一口

肖家父女制作稀豆粉

气搅它30下，然后再重复。最后一边搅拌一边要用铲子挑起来绕圈，看流下来的豆粉落在锅里时有没有"路"，有路就说明稠度过关了，没路就表明太稀或太稠，会影响口感。

稀豆粉讲究当天做当天吃，品尝一碗纯正的稀豆粉，调料的好坏和齐全与否直接关系最终的口感。调料需是当天制作，红彤彤的辣椒面、明黄色的鲜姜水、焦黄的花椒油、乳白的蒜泥、翠绿的芫荽、油黑的酱油、绛红的米醋、色泽清亮的芝麻油、红黄相间的腐乳水、色泽墨绿的麻椒……缺一不可的调料搭配成各种绚丽的色彩，与嫩黄色的稀豆粉交相辉映，香味扑鼻，让人胃口大开、难以忘怀。

在腾冲，稀豆粉饵丝是颇受欢迎的另一种吃法。将腾冲特制的饵丝先煮好后，将稀豆粉舀于其上，再加上各种调料拌食，雪白如丝的饵丝与黄艳细滑的稀豆粉相映成趣，形成一幅养眼的美食之图。

《舌尖上的中国》（第三季）第二集《香》播出后，腾冲稀豆粉更是一夜走红，享誉海内外。四面八方的食客慕名而至董官村，一尝为快，"稀豆粉"供不应求。

大理三塔

苍山

大
理
州

　　大理白族自治州，是云南最早的文化发祥地之一，唐、宋时期，南诏大理国就在此立国，其下关风、上关花、苍山雪、洱海月，使大理有"风花雪月"的美称。大理州山川雄奇，风光秀丽，气候宜人，民风淳朴。白族人民从服饰、住居、婚嫁、信仰、习俗以及庆典节日，都充满着独特的民族情趣，这些浓郁的民族风情，增添了大理古城的历史文化气氛，亦更增添了大理历史文化名城的迷人色彩。苍山洱海，南诏古迹，佛教名山，丝绸古道……大理不仅有许多令人心驰神往的游览胜地。还奉献了风花雪月般的白族种种美食，有的是独树一帜。背靠苍山，山珍众多，松茸、干巴菌、树头菜等，得苍山之灵气，新鲜味美；濒临洱海，水产丰富，弓鱼、田螺等等，物华天宝，味道鲜美。大理的小吃也非常有特色，乳扇、饵块、喜洲粑粑、滑嫩的凉米线、豌豆粉，让人回味无穷。

洱海

大理生皮

到大理做客，桌上有一道菜叫"生皮"，值得一尝，据说大理人外出回来，一定要吃到"生皮"方觉得到家。"生皮"类似于西餐烤牛排的概念，有的人能吃七八成熟、甚至六成、五成熟的西餐牛排，吃点大理"生皮"也未尝不可，不过要当心，它会让你上瘾呢。

🥣 大理生皮

我是先吃生皮而后了解它的。前几年我去沙溪采访时路过大理，受到大理州餐饮协会赵俊磊会长热情接待，在天龙阁食府，赵会长专门安排了生皮请我们品尝，这是大理的风味菜。"生皮"顾名思义就是生的肉皮，皮下面还有生肉，统称"生皮"，只不过肉皮已经烤得微焦，看着十分诱人。赵会长小名阿磊，他介绍说，生皮是大理白族的一道传统菜肴，逢年过节或者亲友小聚，白族人总会以凉拌生皮作为特色菜待客。生皮的选材、制作都特别讲究，对猪的品质要求很高。猪宰杀后，要用松毛烧毛，烧的过程中猪皮渐呈金黄，所以说生皮并不全是生肉，通俗的说法应叫"火烧猪"。然后选取猪后腿肉和里脊、腰脊肉作为主料。"生皮"的肉要切得细而不碎，蘸水是生皮的"灵魂"，配制时选取野花椒、糊辣子、大麻籽、蒜末、生姜、芫

荽、白糖、盐、酱油和地
道的梅子老醋等调制。
夹一块蘸过汁水的生皮放
在嘴，没有腥味，肉皮柔
中带脆，有嚼劲，肉鲜嫩
可口，不比三文鱼逊色，
还有股淡淡的烧烤香。开
始我心有余悸，只敢尝一
点点，阿磊笑而说，放心
吃，做生皮的猪和卫生要求都
非常严格，有点毛病的猪和老
母猪是绝不会用来做"生皮"
的，不必担心吃了会闹肚子。
我放心了，又夹一筷子……那
感觉，既有一种茹毛饮血的原
始与野性，又有现代风味的热
辣与爽快。

🥣 切生皮

🥣 火烧生皮

　　其实，大理吃生皮类似日本人喜欢吃生鱼片，意大利人喜欢吃生火腿，美国人喜欢吃半生半熟的牛排一样。"食生"是一个世界性的古老话题，"脍"字就是指切细的生肉，也指切细肉的动作。《礼记·内则》《礼记·少仪》开列了当时士大夫阶层的食单，其中生肉种类蔚为大观，有切成薄片或细丝状的鱼脍、牛脍、羊脍、兔脍等。秦汉之后，大部分生肉被淘汰，鱼脍被保存下来并得到进一步的发展，粤菜"刺身"中的生鱼片就是鱼脍。

　　大理的地方风味餐馆一般都有生皮这道菜，毕竟是生食，建议外地客人还是到有一定规模和信誉的餐厅，吃起来更放心。

喜洲粑粑

⬭ 喜洲粑粑

滇西的纳西族有丽江粑粑、藏族有青稞粑粑、怒族有石板粑粑、普米族有水汽粑粑、白族有喜洲粑粑……背后都隐隐回响着文化的音韵。

1

喜洲粑粑是著名历史名城喜洲的一种特色小吃，口味有甜、咸两种。制时用上下两层炭火，上层炭火为猛火，下层炭火为文火，在做好的面胚上刷上猪油之后入锅烘焙，烤制过程中反复刷几次油脂，烤香直至烤酥后，外皮香酥而内在绵软，倍受人们喜爱，且层次分明，宛若苍山十九峰十八溪，美色可餐。

喜洲镇位于大理市北部，西倚苍山，东临洱海，隋唐时期称"大厘城"，是南诏时期"十睑之一"，又是电影《五朵金花》的故乡。喜洲已有1000余年的历史，当地百姓崇文重商，民间有"二甲进士七八十，举人贡生数不清"的说法。民国时期，喜洲为云南最繁华的城镇之一，被誉为"小上海"。著名作家老舍写于1942年的《滇行短记》盛赞道："喜洲镇却是个奇迹，我想不起，在国内什么偏僻的地方，见过这么体面的市镇……山水之间有这样一个市镇，真是世外桃源啊。"

2

传说喜洲破酥粑粑最初是由白族民间面点艺人曾祖母杨氏制作，到清朝光绪年间，杨氏后人首创了用炉底炉盖烤制粑粑的技术，这一工艺使白族的烤饼技术有了长足发展，其烤制的"破酥粑粑"口感独特，闻名遐迩，经久不衰，成了绝技。其中有一种牛舌状破酥当时被本地人称之为"大苟牛舌破酥"最受欢迎，至今，人们一提及"大苟破酥"仍津津乐道，赞不绝口，《喜洲志》上曾有记载。

3

在大理，特别是喜洲一带，喜洲粑粑多是在路边摆摊"现做热卖"，而这种粑粑也是趁热吃更有味。美食都有其地域性，离开那个地方往往吃不出"感觉"。

喜洲粑粑坚持以面粉为主的淳朴传统，承担了继承历史的重任，摒弃一切来自外界的变异影响。它不会加入糖精、香料、色素等来欺骗顾客，几十年如一日，"面"不改色"心"不乱。在纷繁迷离的食品世界，它依然独行，坐不改名，行不改姓。作为一个粑粑，它一如既往地保持着与生俱来的形状；作为一种食品，它毫不动摇地坚持香甜可口的特质；作为一种大众食品，它始终保持着为人民服务的本质。

大理喜洲粑粑

弥渡卷蹄

弥渡卷蹄

弥渡是大理州的一个县，有两张闻名遐迩的"名片"：一是被誉为"东方小夜曲"的《小河淌水》的故乡；二是有句让人产生遐想的"到了弥渡，不想媳妇"的民谣。有些人听到这句话想歪了，其实媳妇代表的是"家"，山川育美、风月沐情的弥渡，让人流连忘返，所以，到了弥渡，乐不思蜀，不想回家。

1

我多次与弥渡失之交臂，2017年应县旅游局"美食之旅"邀请，与厨师团队研发"小河淌水"宴，才第一次走进弥渡。

弥渡的每一寸土壤都荡漾着淳朴的田园气息，小城女子秉承了故土的自然脾性，和着密祉花灯的调子，舞步翩跹，给人活出幸福的感觉。《小河淌水》的优美曲调反映了弥渡人民对真善美的追求，展示了对美好生活的憧憬，柔情似水的乐土，让远方的来客目光倾慕、感叹不已。

弥渡给我太多惊艳，漫步密祉古镇文胜街，"茶马古道"连接起澜沧江文化，苍山洱海文化，玉龙雪山文化等诸多文化；走进南诏铁柱寺，瞻仰已历千载的铁柱，清人孙髯翁大观楼长联"汉习楼船，唐标铁柱，宋挥玉斧，元跨革囊"的名句历历在目……茶马古道的兴衰，多元文化的相互叠置交融，形成弥渡清晰的文化分层，丰厚的文化积淀，完整的文化系列，使弥渡成为民族传统文化的"聚宝箱"。

弥渡卷蹄

2

弥渡卷蹄、密祉豆腐、寅街黄粉、大芋头、红曲米、香酥梨等是弥渡地方特产，而"弥渡卷蹄"最具代表性，它像弥渡山歌一样闻名三迤，成为当地人民的传统美食。

无论是商务宴请、民间往来还是农贸市场，都能见到弥渡卷蹄的身影。一层薄薄

卷蹄美味

的熟食嫩皮，包着细腻的熟瘦肉，入口醇香四溢，色鲜味美，而且食法多样、易于贮存，所以深受当地人民喜爱，也是大理菜中不可或缺的元素。

弥渡民间汉族居民腌制卷蹄起源于明朝，具有"500年吃法不变"的美誉。选用完整猪脚，猪里脊肉或猪后腿精瘦肉，清洗干净的猪脚剔出骨头，里脊肉和后腿精瘦肉切成条块状，用50度左右的白酒浸泡弥渡果子园村600年独家祖传工艺生产的红曲米粉，加入草果粉、胡椒粉、茴香粉、食盐等20多种作料拌匀，均匀地涂抹于剔骨后的猪脚里和切好的肉条，然后填塞于猪脚内，再用清洗好的糯谷稻草裹绑腿似的裹紧，放入容器内腌渍3天左右，取出或煮或蒸熟，待完全冷却后，装入弥渡特产的土陶罐内，间隙用大米炒面拌萝卜丝填充，密封罐口，1个月后即可取出食用，因其与鲜猪脚外形一样，故名"卷蹄"。过去是大年三十吃年夜饭，做好了其他菜后，才从坛罐里取出卷蹄切成薄片上桌，全家团聚，小酒一盅，品尝美味佳肴，其乐融融。如今生活好了，无须等过年，天天可以吃卷蹄。

相传清代咸丰年间，弥城的尹翰林赴京赶考时带了一罐卷蹄到京城，被一些学者有幸品尝后倍加赞赏，后来竟惊动了皇上，降旨御口亲尝弥渡卷蹄后，将其列为宫廷名菜。从此弥渡卷蹄名声大振，传扬四方。

永平黄焖鸡

🍲 永平黄焖鸡

　　黄焖鸡是一道家喻户晓的菜，全国人民都爱吃，哪儿都能吃到，自己家都能做，照说没什么稀奇的。但在滇西，说起黄焖鸡就首推永平黄焖鸡。我准备去滇西，人还没动身，也下意识地想起永平黄焖鸡，这永平黄焖鸡到底有什么与众不同？名气咋那么大呢？

👄 永平黄焖鸡

1

　　永平是大理州的一个县，地处昆明至保山、德宏及怒江的必经之路上。大保高速公路穿境而过，地理位置优越。我查了一下，民间传说永平黄焖鸡的历史可以追溯到1000多年前，"永平黄焖鸡"之所以风行滇西千年，与永平境内的一条"南方丝绸之路"——博南古道有着必然的联系。博南古道是我国最早的"商贸古道"，比北方丝绸之路还要早200多年。历史上博南古道不但是一条经济贸易"走廊"，也是历代朝廷向滇西地方政权传递紧急公文的重要驿道，沿途设置有许多驿站，商贾旅人、传递公文的驿使都会到驿站停歇。驿使传递公文的时间都比较紧迫，永平驿站负责接待的地方官员便琢磨出一道既能够让赶路的官员驿使吃得满意，又烧制快捷省时的地方菜——黄焖鸡。永平黄焖鸡在古道驿站的餐桌上出现后，以其肉嫩味佳，香气扑鼻，油而不腻，鲜辣芳香，味道独特，烹制快捷而受到官员、驿使、商贾旅人及马帮的一致赞誉，最终成为博南古道沿线众多马店、驿站用来招待过往客商和官员、驿使的首选名菜。

2

2017 年早春二月，我们途经永平，专门下高速进县城品尝黄焖鸡。经过岁月的沉淀，"永平黄焖鸡"已经成了一个响当当的品牌。如今在永平县做"永平黄焖鸡"生意的餐厅不下百余家，滇西的大酒店小餐馆都以"永平黄焖鸡"作为招牌菜，形成了"万店共享一名菜"的独特景观。

从收费站出来，几乎所有饭店打的都是"永平黄焖鸡"招牌，无法分辨哪家更正宗，便找了家觉得顺眼的路边店。好在还不错，厨师手脚麻利，称完鸡后进后厨忙开了。我在大理有朋友，做厨师的也认识，早听就他们说起过永平黄焖鸡，最突出一个字就是"快"，从宰鸡到炒熟上桌仅仅需要15分钟，这样才能保证最新鲜的味道，因此，选料，烧制都有严格的要求。黄焖鸡原料选用的是当地放养的土鸡，成长期在半年左右且没有下过蛋的仔鸡，鸡肉才细嫩而味鲜。

正宗的永平黄焖鸡鲜嫩可口、油而不腻，"香"是永平黄焖鸡的特色之一。提香主要用干辣椒、草果面、茴香、八角等。下锅爆炒后，盖上锅盖等待鸡肉水分干而发黄，再翻炒两次即可装入盘中食用。炒黄焖鸡块最重要的是掌握火候，只有用旺盛的火炒出来的才不会失去真味。这道菜，烹制程序并不复杂，难的是在短短几十分钟里，既要把各种香料融进鸡块，又要把握好火候，让鸡肉鲜嫩可口，方能显示永平黄焖鸡的特色。

🥢 古道漫漫

丽江玉龙雪山

　　丽江是一座古城，历史上曾商贾云集，是茶马古道的重要驿站，这里出过既是土司又是诗人的木公和木增。走在丽江桥头街尾，貌似平常却满腹经纶的老人比比皆是。但丽江不像苏州，有风流才子唐伯虎，演绎了一段"点秋香"的风流故事让后人传唱；不像同里，有官至资政大夫，赐内阁学士的任兰生被弹劾后，回乡建一个"退思园"，留给后人不尽的感慨；丽江也不像江南小镇，虽有小河淌水却无须行船，四通八达不设城墙，丽江的小巷通不过堂皇的官轿，不会产生类似于朱雀桥、乌衣巷的沧桑之慨。丽江只是一座平民化的县城。入夜，悠扬的纳西古乐在小镇的夜空中萦绕，小河边，大红灯笼高高挂的酒楼里觥筹交错，水里摇曳着艳丽的倒影，恍惚置身"烟笼寒水月笼纱，夜泊秦淮近酒家"的秦淮河畔；古城客栈带狼牙边的三角旗透着古朴，小河里摇摇晃晃飘过的河灯寄托着希望……最让人难以忘怀的是各家门前"家家流水绕诗意，户户垂杨赛画图"，小桥枕水，清泉汩汩，穿墙过院，一路欢歌绕城池。

丽江粑粑

🥣 丽江粑粑

　　1639年，著名地理学家、旅行家徐霞客受丽江世袭土司木增的盛情邀请来到丽江，在丽江，徐霞客不仅是木增土司的座上宾，更喜欢四处探访，于是，他发现并吃到了丽江粑粑，有文字为证："油酥面饼，甚巨而多，一日不能尽一枚。"

　　丽江粑粑是纳西族独具的风味食品，远的不说，就从徐霞客的文字记载算起，这个粑粑已有300多年历史。其特点是色、香、味俱佳，油脂厚重。做丽江粑粑，在擀面制作生胚时要不断抹猪油，擀成一块块薄片后又要抹油、撒上火腿末或白糖后卷成圆筒状，两头搭拢按扁，中间包入芝麻、核桃仁等馅料，再擀成圆饼状，用平底锅文火烤煎成金黄色而成。其特点是色泽金黄，香味扑鼻，吃起来酥脆可口。因放置数天都不会发霉，过去曾经是马帮商队备用的干粮，也倍受出门人的喜爱，可以带着出远门或作为礼物馈赠给远方的亲朋好友，吃的时候只要随便蒸或烤一下，依然酥脆香甜。丽江粑粑还分咸甜两类，可以根据各自口味任意选用，要是加喝酥油茶，更是其味尤穷。

鸡豆凉粉

🍚 煎拌鸡豆粉

　　除了丽江粑粑，丽江还有一种经久不衰的风味小吃"鸡豆凉粉"，大街小巷的餐馆都有卖。

🍚 凉鸡豆粉

　　鸡豆凉粉是用丽江当地独有的一种鸡豆（又名"鸡豌豆"），磨面滤浆做成的一种凉粉小吃，因鸡豌豆富含黑色素，做成的凉粉外表呈黑色，所以也叫"鸡豆黑凉粉"，清代《丽江府志》中，把这种风味小吃称作"食黑豆腐"，"黑豆腐"就是今天的"黑凉粉"。

　　鸡豆凉粉有多种吃法，客人可以根据自己的口味选择：

🍚 煎拌鸡豆凉粉

香油鸡豆粉皮，色泽浅黑，咸鲜香醇。先将鸡豆粉皮卷起来，再切成条卷状，整齐地摆入盘中，与用生抽、盐、味精、香油制成的汁水一起上桌，蘸食。

煎拌鸡豆凉粉，外香内嫩，滋润酸辣，回甜。将鸡豆凉粉改成马眼形条块，下油锅煎为两面黄取出，整齐地摆盘中。用生抽、精盐、梅子醋及白糖、姜末、蒜茸、辣椒油调匀作汁水。食用时将汁水浇在煎鸡豆凉粉上拌匀即成。

炸鸡豆凉粉，外香脆、里酥松、色浅黄、咸香适口。将鸡豆粉干改成1.5厘米见方的小快，锅放油烧热，四成油温时下鸡豆粉干，炸香炸酥后滤出，拌盐装盘即可。

热鸡豆粉，软糯滋润、鲜香辣麻、味美可口。热鸡豆粉要加焙芝麻、碎芫荽、葱

🍚 丽江古城

🥣 热鸡豆粉

花、姜末等辅料：把清水中泡涨的鸡豆放入磨浆机中磨成稠浆，锅里注入清水浇沸，将鸡豆生浆缓缓加入，边加边搅，直至煮熟起锅。然后将煮熟的鸡豆粉舀入盆中，与葱花、姜末、碎芫荽、精盐、味精、辣椒油、花椒油碟一起上桌，根据食客的口味自己取料调味食用。

三川火腿

中国有个四川，川菜享誉中外；云南有个三川，丽江的三川和四川风马牛不相及，但出产的火腿是滇西火腿中的名产。

三川火腿产于丽江市永胜县三川坝，生于"山川"之间。三川火腿汲取丽江2000多年农耕文明和饮食文化的精华，凭借三川坝子独有的水土、气候条件，应用民间流传近400年的独特工艺，经66道工序精心腌制而成。三川火腿从腊月杀猪到割腿腌制，有一整套完整工艺。首先，腊月猪以土著黑毛最佳，宰杀以后，用快刀割成边缘整齐的"琵琶腿"，剔除油膜、擦去血水，用炒过的食盐、料酒加入少许葡萄糖及火硝揉搓，置入木缸或瓷缸中"蜜腌"数日后，再取出敷上绵纸风干，然后捂在栗炭灶灰中保存，时间越长香味越足，味道越厚。成品以品质上乘、风味独特而久享盛誉，历来是滇西民间待客、馈赠亲友之佳品。

虽然名声没有宣威火腿名气大，但三川火腿味道也不亚于宣威火腿，尤其是存放一二年的"老火腿"。三川火腿不仅色泽鲜红油润，香味醇厚，而且营养丰富，经云南省产品质量监督检验所，省营养学会抽样检测，三川牌火腿富含人体必需的18种氨基酸和多种维生素，蛋白质含量高于同类产品，脂肪低，盐度适中，特别是亚硝酸盐含量每公斤小于1毫克，远远低于国家一级火腿"小于或等于每公斤20毫克"的控制标准。

三川火腿不仅味道醇厚，更有着谜一样的传说。

相传三川火腿与伟人毛泽东的祖先，云南永胜、湖南韶山两地毛氏始祖毛太华有着不解之缘。在韶山《毛氏族谱·源流记》中有载："吾族源接西江，自宋工部尚书让，世居金衢，生子休公，官至银青光禄大夫，国子祭酒，兼殿中

三川火腿味道醇厚

侍御史，出守吉州，迎尚书让公就养，占籍吉之吉水龙城家焉。"毛氏家族因毛休做官，从浙江衢州迁往江西吉州。元末为避陈友谅之乱，青年农民毛太华携同乡千里迢迢西迁云南北胜州（今永胜县）。明洪武十五年，北胜知州高策降明，毛太华从军留驻，屯卫云南，娶妻生子。后因军功内迁湖南，带走长子毛清一和四子毛清四，被明朝政府按有功人员待遇安置于湖南湘乡县。16年后乔迁湘潭县韶山冲，成为韶山毛氏家族之始祖，毛泽东正是迁往湖南的毛清一的后代，留在北胜州的毛清二则成为永胜县毛氏家族之始祖。

毛太华在澜沧卫军屯时，把江西吉州的祖传火腿（安福火腿）制作技艺带到云南永胜，永胜三川坝子则以得天独厚的地理、气候优势，迎合了这种古老的肉食品加工技术，使其在这块富足而封闭的土地上滋长、沿袭下来。

明万历年间，北胜知州高承祖奉调云南领兵平乱，因军功显赫，兵部记功申报朝廷，万历帝传旨高承祖进京领赏。高承祖接旨后率马帮驮火腿等土产兼程进京面圣，万历帝赐宴犒赏。席中品尝高承祖进贡的火腿，觉美味异常，龙颜大悦，二次赏银高承祖，并赐"报国忠贞"匾额一块，自此三川火腿在滇西北名声大噪。

🍵 傣家女

　　西双版纳名气很大，外地人可以不知道云南，但一定知道西双版纳。古代傣语称之为"勐巴拉娜西"的西双版纳，是"理想而神奇的乐土"。在世界同一纬度的其他地区，几乎都是荒无人烟的沙漠或戈壁，唯有西双版纳，2万多平方公里土地像一块镶嵌在大地皇冠上的绿宝石，以神奇的热带雨林自然景观和少数民族风情而闻名于世。西双版纳与老挝、缅甸山水相连，毗邻泰国、越南，澜沧江纵贯南北，出境后称湄公河，流经缅、老、泰、柬、越5国后汇入太平洋，被誉为"东方多瑙河"。

　　"梦里寻她千百度"，一脚踏进美丽的西双版纳，你一定会醉倒——醉景、醉情、醉茶、醉酒。摇曳的凤尾竹，绿色掩映中的竹楼，婀娜多姿的"小卜哨"，肃穆的佛寺，稚气未脱的小和尚……当你从繁杂喧嚣的城市走来，踏上傣家人生活的这片绿色家园，呼吸着久违的田园空气，见到清纯的傣家姑娘，阅不尽人间春色，你能不心动？夕阳西下，河里沐浴的傣家姑娘，秀发如瀑直落水中，筒裙艳丽多彩，逆光勾画出傣女迷人的身材，构成一幅幅人与自然的和谐画卷……

☺ 煎青苔片

青苔，一种水生藻类植物，把青苔做菜吃的恐怕只有傣族。傣族青苔系列菜肴广泛流行于西双版纳及境外掸、傣族群聚居区，青苔，看似普通，却较为珍贵，因为季节性强，生长期和采集期较短，民间有"三月青苔发，四月青苔旺，五月青苔黄……"的说法。

由于气候湿热，对于以糯米饭为主食的傣家人来说，青苔系列菜品味道鲜香独特，开胃且助消化，因而成了他们特别嗜好的佐餐菜品之一。从明代·车里宣慰使司管辖时期起，青苔系列菜品就是召片领和土司才有权享用的珍稀佳肴，足见其在傣味菜品中的地位。据说只有生长在澜沧江里

☺ 青苔菜品制作能手张登红

🥣 青苔有多种吃法

🥣 秀色可餐

的青苔品质最佳，因而在数百年前，勐捧土司专门派了几十个奴隶和十二头大象，到澜沧江里挑选一块长满青苔的巨石，拖运了六天六夜，安放在勐捧坝子的南腊河河湾里做青苔种用，每年要举行采青苔庆典后才能采捞。

在西双版纳州餐饮与美食行业协会会长叶增权陪同下，我们来到景洪勐旺傣香园采访，老板叫张登红（岩亮），被当地老百姓公认为"青苔系列菜品制作能手"，他从小就喜欢吃母亲做的青苔，并跟随母亲玉光到村寨附近的鱼塘里捞青苔，学习青苔菜品的制作技艺。张登红说，青苔原料取材于江河、山箐、湖泊之中，菜品制作技艺并不复杂，无外乎烧、烤、煮、揉、拌等，因其味道鲜美、独特而颇受欢迎，是西双版纳最具代表性的傣味菜之一，数百年来盛传不衰。青苔做成菜色泽青碧，养眼爽口，有的香酥脆嫩，有的馨香滑润，能保持食材的天然营养成分，故味道鲜美，色泽美观，营养丰富，保健养生。

叶增权补充说，西双版纳食用青苔的生长环境、采集方式和制作方法不同而有多种类型，傣语称作"改""岛""孤""改糯埋"（状如花朵的）、"改黑祜"（状如小朵木耳的）、"改养"等多种称谓。辅料有葱、姜、蒜、芫荽、小米辣、香茅草、大芫荽、荆芥、薄荷、香蓼、野花椒、食盐等，制成菜品有咸、香、辣、鲜等多种味道。

青苔有多种吃法，"烤青苔片"是将生长在卵石上的青苔丝（改），经剔除杂质、漂洗干净、摊成圆形薄片晒干，制作时，用炭火烘烤青苔片，边烘烤边涂抹猪油、边撒盐巴，待青苔片烤脆后，将其揉成碎末，装盘即可食用；"炒青苔末"原料也是"改"，制作时，先把晒干的圆形青苔薄片用炭火烘烤脆后揉碎，锅注油烧热后，将葱花、辣椒、姜末炒香，倒入青苔末快炒片刻即可；"煎青苔片"是将青苔薄饼切成片状，放入锅中过油煎炸片刻，取出装盘食用；"煮青苔糊"用的是山箐沟里的"岛"（汉语称"滑苔"）或丝缕较粗的"孤"（长在箐沟或池塘里的青苔），用网眼很细的竹箩滤除水分、剔除杂质，丝缕较粗的还要用木棍或卵石捶打击碎。制作时，把事先选好的鹅卵石放进火堆里烧红，将备好的"岛"或"孤"放进口径较粗的竹筒里，加入适量的水及盐巴、葱花、芫荽、姜末、小米辣等作

采集青苔

现炒鲜青苔

青苔摊成圆形薄片晒干

料，搅拌成糊状，然后把烧红的鹅卵石放进竹筒里，待其吱吱作响将青苔糊烫熟后，取出鹅卵石，青苔糊即可食用。这些烹饪方法都很生态。

青苔入菜，充分体现了傣族先民适应自然环境的生存智慧和逐渐积淀形成的饮食文化丰富内涵，是研究傣族水文化、生态观等方面不可缺少的鲜活资料。

◯ 酸竹笋

◯ 傣族女老板玉丹

　　用酸竹笋做菜是傣族的一绝，在傣族中流行了千年之久，原料取材于漫山遍野的竹林。竹笋种类也多种多样，采集和烹饪方法五花八门，因味道鲜美独特而成为西双版纳最具代表性的傣菜之一。

　　在景洪市澜沧江大桥旁的傣家美食园，傣族女老板玉丹不仅给我普及了酸笋知识，还让我美美地品尝了几道酸笋菜品。玉丹说，酸笋是傣族先民在古代生活中发明创造出来的。从前，傣族寨子曼播有个咪龙糯（竹笋大妈），每天靠卖新鲜竹笋为生，由于连续天阴下雨，既不能加工成笋干，又不能拿到街上去换盐巴，她

只好把那些新鲜竹笋切成笋丝装进竹筒里，再用树叶塞住竹筒储存起来。过段时间打开竹筒，她发现竹筒里的笋丝雪白如初、不腐不烂，还有一股清香的酸味。掏出一些来煮汤，酸味纯正鲜美，别有风味，从此，腌制酸笋和使用酸笋的习俗便流传开来。

🥣 酸笋

明代车里宣慰使司管辖时期，酸笋系列菜品已是上层土司和普通百姓都爱吃的菜肴。为保障封建领主享受之需，召片领还做出规定：聚居在山上的哈尼族、爱伲人，每年必须把上好的酸笋酱作为贡品献给车里宣慰使宫廷，他们居住的地方也由此命名为"南糯"（笋酱）山。

西双版纳气候炎热，容易出汗，傣家人以糯米为主食，对可以促进消化、收湿止汗的酸味食品需求量很大，所以带有酸味的菜品最受版纳傣族喜欢。酸笋系列菜品种

🥣 用酸竹笋做菜是傣族的一绝

类繁多，可单独吃，也可和鱼肉等煮着吃，其味独特，初食者或不习惯，吃后会上瘾。傣味菜中有酸笋鸡、酸笋鱼、酸笋煮干巴等等。牛干巴是傣族喜爱的食品，美味但容易上火，傣族把烘烤好的牛肉干巴放在配有各种佐料的酸笋汤中熬煮，中和了干巴的燥热又不失美味，成为傣家人的家常菜。

酸笋煮鱼

酸笋并非傣族专利，南方许多地方都喜欢吃，《红楼梦》第八回就写道：宝黛二人探望病中的宝钗，相遇薛姨妈处。"幸而薛姨妈千哄万哄的，只容他吃了几杯，就忙收过了。作酸笋鸡皮汤，宝玉痛喝了两碗，吃了半碗碧粳粥。一时薛林二人也吃完了饭，又酽酽地沏上茶来大家吃了，薛姨妈方放了心。"

瞧瞧，"酸笋鸡皮汤"都写入了名著，可见这道菜早已传遍大江南北，影响大得很。

傣家美

傣族"喃咪"

⌣ 原料与喃咪

　　"喃咪"，傣语，意即调味酱汁，"咪"的意思是搅拌或拌合，因其制作原料多种多样而有多种称谓，如"喃咪帕"（青菜酱汁）、"喃咪克耸"（番茄酱汁）、"喃咪图拎"（花生酱汁）、"喃咪糯"（酸笋酱汁）、"喃咪巴"（鱼肉酱汁）、"喃咪布"（螃蟹酱汁）等，味道有咸、酸、香、辣、麻、鲜、甜、苦等多种，开胃且助消化。适于蘸食"喃咪"的，有炸牛皮、炸猪皮、糯米饭、黄瓜、扁豆、豇豆、甜笋、苦笋、芭蕉花、鱼腥草、水香菜、水芹菜、薄荷、菜苔、京白菜、野茄子、海床等。不同的"喃咪"用于搭配不同的果蔬及糯米饭等食品，就会产生不同的佐餐效果和营养价值，给人以多重味觉感受和

⌣ 舂制喃咪

视角享受。

　　相传在明代车里宣慰使司管辖时期，"喃咪帕"是由曼乍一对老夫妇在服土司劳役时"急中生智"创造出来的。800多年前，管家为了讨得土司欢心，命令承担烹饪劳役的曼乍寨每家都要制作一道新颖可口的菜肴，在开门节那天送进土司府品尝。接到命令，百姓不敢怠慢，连忙杀鸡宰鸭、捞鱼摸虾、烧烤蒸煮、剁生白旺，发挥各自特长去完成劳役负担。寨中有对无儿无女的贫穷老人，无可奈何，就把菜地里仅有的几棵做种的老青菜连秆带花砍回来，洗净剁碎放进土锅里，打算熬成一锅青菜汤。由于青菜秆太老总煮不烂，只好不停地添柴加水，最后熬成一锅绿汪汪的青菜糊。老人把没熬化的老菜秆

番茄喃咪

酸笋喃咪

花生喃咪

青菜花嘟咪

牛皮嘟咪

嘎哩啰（野青果）嘟咪

嘟咪时蔬

捞掉，舀了一碗青菜糊加些盐巴、辣椒、蒜泥、大芫荽等调拌均匀，战战兢兢地端进土司府交差。吃腻了大鱼大肉的土司头人们被这碗从未见过、也从未吃过的菜所吸引，他们或用黄瓜萝卜或用糯米饭蘸着尝吃一口，对其独特的酸香回甜味赞不绝口，当知道来由后，根据原料和制作方法命名为"嘟咪帕"（用青菜熬制调拌的酱汁）。由于它既开胃又可口，很快就传遍了所有傣家村寨并流传至今。

"嘟咪"原料就地取材，主料有青菜苔、番茄、花生、酸笋末、鱼、螃蟹、橄榄果、槟榔青果等；辅料有葱、姜、蒜、芫荽、小米辣、香茅草、大芫荽、荆芥、薄荷、香蓼、野花椒、野八角、桂皮、草果、苤菜、食盐等。经过烧、烤、熬、舂、剁、拌等多道工序。

傣家常见的嘟咪有：

"嘟咪帕"（青菜酱汁），将青菜熬成糊状，滤掉残渣，加入剁碎的葱、姜、蒜、芫荽、小米辣、香茅草、大芫荽、荆芥、薄荷、香蓼等和适量盐巴均匀调拌而成，色泽青绿，用于蘸食黄瓜、萝卜、水芹菜等，味道酸香回甜。

"嘟咪克耸"（番茄酱汁），将番茄放在火炭上炙烤，去除焦皮后放进碓窝里捣成糊状，再把小米辣、葱等作料烤香剁碎，加入姜末、蒜泥、芫荽等作料和适量盐巴均匀调拌而成，色泽鲜红，用于蘸食鱼腥草等多种野生果蔬，味道酸甜香辣。

"嘟咪图拎"（花生酱汁），将花生粒烘炒至香脆，放进碓窝舂成末状，加入适量盐巴、凉水和剁碎的葱、姜、蒜、芫荽、小米辣等作料调拌而成，色泽乳白，用于蘸食蕨菜等生鲜野菜，味道香甜可口。

"喃咪糯"（酸笋酱汁），将笋子剁碎腌制成酸笋酱，再把小米辣、葱等作料烤香剁碎，加入姜末、蒜泥、芫荽等作料及适量盐巴均匀调拌而成，色泽金黄，用于蘸食豇豆等多种野生果蔬，味道酸香辣。

"喃咪巴"（鱼肉酱汁），将鲜鱼烘烤至熟，取下鱼肉剁碎，加入剁碎的葱、姜、蒜、芫荽、小米辣、香茅草、大芫荽、荆芥、薄荷、香蓼等和适量盐巴、凉水均匀调拌而成，色泽乳白，用于蘸食萝卜等多种果蔬，味道鲜美回甜。

"喃咪布"（螃蟹酱汁），将野生小螃蟹用碓窝里舂碎，再放进大锅里加热熬成糊状，滤掉渣滓，晒干或者装瓶备用。使用时，把"喃咪布"调成糊状，加入剁碎的葱、姜、蒜、芫荽、小米辣、香茅草、大芫荽、荆芥、薄荷、香蓼等和适量盐巴均匀调拌而成，色泽乌黑，用于蘸食糯米饭、苦笋、野茄子、萝卜、黄瓜、海船等，味道微苦回甘、辣香独特。

此外，还有"喃咪麻个"（橄榄青果酱汁）、"喃咪阿"（芝麻酱汁）等等，原料各异，制作方法大同小异。

🥘 阿昌族姑娘

🥘 芒市大金塔

德
宏
州

　　"德宏"是傣语的音译，"德"为下面，"宏"为怒江，意思是："怒江下游的地方"。德宏只有东面与保山市相邻，北、西、南三面都被缅甸包围，境内有九条公路与缅甸北部城镇相通，有瑞丽、畹町两个国家级口岸。奇特的自然景观，丰富的民族文化内涵和繁荣的边境贸易，使德宏成为一片神奇的热土。"有一个美丽的地方，傣族人民在这里生长。密密的寨子紧紧相连，那弯弯的江水啊碧波荡漾……"这首半个多世纪以来传遍大江南北的经典名曲，唱的是德宏傣族景颇族自治州。

　　我曾多次到德宏采风，瑞丽江畔沐浴的傣家少女、缅寺嬉戏打闹的小和尚，大登喊浓郁的傣寨风情、一寨跨两国的奇妙感受，优美的自然环境、独特的民族风情时时让我激动，从而停不住手中的相机快门。这里是中原文化和边地文化、汉族文化和少数民族文化、东方文化和西方文化、中华文化和南亚文化的交汇地；傣族优美的水文化、景颇族刚毅激昂的音乐文化、德昂族茶文化、阿昌族的口头文学等各具特色，各种文化在这里交融共生，和谐共荣，如同一个天然的文化大观园。在这里，会走路的就会跳舞，会说话的就会唱歌，是著名的"歌舞之乡"。

阿昌族过手米线

　　阿昌族是云南境内最早的世居民族之一，主要居住在德宏州的陇川、梁河等县。阿昌族自古即以擅种水稻而闻名，手工业发达，其打制的"户撒刀"曾闻名于世。

　　阿昌族有一道家喻户晓、饭菜合一的美食"过手米线"，起源于陇川户撒一带。德宏州民族餐饮协会副会长杨世福是阿昌族，他在芒市开有一家"阿昌食馆"，在他的店里，我们目睹了正宗过手米线的做法。据他介绍，户撒米线使用当地特产红米，用水独特，再加上精细制作，户撒制作的米线又香又糯，又滑又软，不结团、不粘手、肉馅拌下去，不沉底，也不浮头，均匀地散布在米线之中。"过手米线"的关键是作料难　　　　处理。宰杀后的猪经选料后，用炭火烤熟刮洗干净待用。杨老板挑出准备好　　　　　　　　的两块猪肉，操起两把菜刀，双刀齐飞将其

　　　　　　　　　　　　　　　　　　　　　　🥢 阿昌族过手米线（套餐）

剁碎后放入瓦罐中，加豆粉、芫荽籽等调料，再倒入阿昌族特有的酸水用力搅拌成肉泥状，分别盛入小碗，再放上

🥣 过手米线

猪肝、烤黄的肉皮、花生米、芫荽等，这就是过手米线的主配料，即昆明人吃米线时说的"帽子"，所不同的是它真像"帽子"——足足一小碗。上桌时，除香醋、辣椒、大蒜、盐巴、味精等作料外，还可根据客人需求添加干萝卜汤、豆腐汤等与米线一起食用。吃时先洗净手，直接将米线拿在手中（或垫一绿叶），舀上调料，用筷子搅拌后吃，"过手米线"因此得名。杨老板说，他家的米线是每天从天户撒带来的，户撒米线柔软、光滑、不结团、不粘手，肉馅拌入后均匀地分散在米线中，味道鲜美、酸辣可口，别具风味。

杨世福说，户撒、腊撒阿昌族赶街天，街道两旁无数把薄刀在砧板上剁肉，发出笃笃笃的响声，这是摊贩在现场制作"过手米线"，赶集男女老少熙熙攘攘，不少人就是冲着这碗"过手米线"而来。阿昌族还编出山歌唱道："户撒好，户撒好，户撒'过手'忘不了，吃了'过手'想'过手'，'过手'味道实在好。"

正宗过手米线当然要到陇川县户撒去吃，不过陇川县城、芒市也有阿昌族开的过手米线店，味道正宗，很好吃。

——非物质文化遗产名录中的云南饮食

🥢 碧色寨

红河州

☞ 建于蒙自的云南第一个邮政局

　　红河州位于滇南，北连昆明，南与越南接壤，北回归线横贯东西，经济总量和部分社会经济指标居全国30个少数民族自治州之首。在云南，红河州是我常去的地方，一是红河州有中国第一条国际铁路——滇越铁路，滇越铁路让红河州占得对外开放的先机，成为云南近代工业的发祥地。我写作《远去的小火车——滇越铁路100年》时，曾多次前往红河州采访；二是红河州元阳县的哈尼梯田如诗如画，美轮美奂，鬼斧神工的大地雕刻艺术，吸引着全国、全球的一批批艺术家、摄影发烧友不厌其烦地一趟趟往那儿跑。2013年哈尼梯田文化景观被列入联合国世界遗产名录，藏在滇南深山的千年哈尼族梯田文化让世界惊叹不已；三是红河州美食文化源远流长，滇菜最有代表性的两个品牌——过桥米线、汽锅鸡，均源自红河州的蒙自、建水。

早就听红河州餐饮行业协会沈问金会长说起过斗姆阁卤鸡，却一直未见其庐山真面目，原因嘛，一是这只"鸡"只能到斗姆阁品尝，别无分店；二是斗姆阁位于个旧37公里外的卡房镇，路不太好走，所以这只"鸡"吊了我好几年胃口。

热情的沈问金会长亲自陪我走了一趟，于是，鸡年岁尾，我终于见到、吃到了这只久闻其名的"鸡"。

1

卤鸡，3岁小孩都认得；而"斗姆阁"是什么东东？我一直没搞懂。沈会长说，那是个地

"非遗"传承人夏有忠

名。

"斗姆阁"这个地名又是什么意思呢？查阅资料是这样说的：

"斗姆"是道教所信奉的女神，传说是北斗众星之母，因而得名，宋元以来崇奉渐盛，尊为"先天斗姆大圣元君"。由此推断，"斗姆阁"本来是为了供道教的斗姆神而造的道观神殿。据说云南不只是个旧才有"斗姆阁"，在道教所在地都可能存在"斗姆阁"，大理巍宝山的最高处就有，但以此作村名的只有个旧的卡房镇。

还有一说，当地是彝族村寨，"斗姆阁"是彝族音译。

2

汽车在山路上颠簸了近 2 个小时，我们一行终于来到雾锁山村的斗姆阁村。

年逾古稀的夏有忠是斗姆阁卤鸡的"非遗"传承人，他家这只卤鸡名气很大，红河州几乎家喻户晓，每天、每年四面八方甚至远在日本、韩国、欧美的客人都曾慕名上门品尝或购买，所以老夏不愁销路。

这只鸡有几个传说：1886年，一位清军将领率领一队伤兵从越南返回国内，途经斗姆阁时再也无力前行。这位御医世家出生的将领利用当地中草药和家养公鸡制作成既滋补又有治疗作用的卤鸡给伤员们疗养，由此流入民间，100多年来，一直享有盛名。

另一说是：百年前，个旧的大锡需要马帮驮着送往蔓耗渡口，再经红河出海。马帮从个旧出发后，经过一天的行程到达斗姆阁歇脚，第二天再出发到达渡口，生产大锡的许多原料也需要从这条马帮路上驮来。于是，小小的斗姆阁成了一个热闹的地方。从四川到此的一甘姓人，经过摸索发明了卤鸡。据说，在此歇脚的赶马人，只要饭中能有几片卤鸡肉，第二天走路就不会累。由于卤鸡的味道诱人，名声也随着马帮越传越响。

土生土长的老夏又有一说：他家祖上是从南京随沐英大军来到云南的。传承千年

雾锁斗姆阁村

的南京卤味堪称一绝，斗姆阁卤鸡是受了老家南京卤味的影响，再经过夏家几代人的努力，才有了今天的美味卤鸡。

3

斗姆阁卤鸡的特点，一是历史悠久，老汤不断舀旧添新沿用至今，犹如陈酿老酒；二是文化多样，老汤配用的50多种中草药和本地的一种植物是多个民族智慧的结晶；三是选料考究，必须是1公斤左右刚刚开叫的土公鸡，才能将滋补和调理有机的融合；四是医食同源，卤鸡口感独特，具有健脾开胃，滋阴壮阳之功效。卤汤用来调拌凉菜和卷粉又是另一番风味。

夏家是住宅兼饭馆，楼上住人，堂屋里摆有几张高低不同的餐桌接待客人，遇节假日得提前订座。老夏给我们上了一桌鸡筵席；卤鸡、鸡杂、鸡腰、鸡血旺等一样不少，外加卷粉和南瓜，小米辣蘸水，风味独特，也是当地吃卤鸡的最佳搭配。卤鸡口感独特，肉质松软，清香飘逸，有嚼劲；卤汁味恰到好处，味香咸鲜；鸡腰子满满上了一碗，那可是多少只鸡的"精华"。

🥣 鸡腰

🥣 鸡杂

🥣 卤鸡

民间说鸡腰子有极高的滋阴壮阳的保健作用，但专家说它的营养物质大部分为蛋白质和脂肪，吃多了会导致身体肥胖。暂且不管它对与否，今天可是大快朵颐的机会，不能错过。同行的朋友老李走南闯北，曾在法兰西做过西餐，今天这桌"鸡菜"虽说环境简陋了点，但其美味绝对不输大餐，老李一时兴起，举杯高歌，将晚餐推向高潮。

后 记

　　前些年，跋山涉水摄云南；这几年，走街串巷"吃"云南，云南壮丽的河山总有拍不完的美景，云南多彩的民族总有说不完的话题，云南丰富的食材总有品不完的美食。

　　参加美食节庆，寻访品鉴美食，结识餐饮界朋友，对饮食这个传统行业，我从不懂到逐渐有所了解，学习吃的方法，研究吃的文化，领悟吃的精髓，写下吃的感受，生活充实并快乐着。

　　地域文化是地方美食的根植土壤。大自然似乎特别眷顾云南，赠予了这里独一无二的气候环境和绿色生态的各类食材，众多的少数民族，独特的生活方式，古老的食俗，延续千年的烹饪方式，得天独厚的自然条件，衍生了各具特色的滇味美食。上天提供的食材，赤、橙、黄、绿、青、蓝、紫，犹如画家色彩丰富的调色板，画家创作精神产品，厨师提供物质享受，二者异曲同工。经厨师的一番卤、烩、溜、煎、炸、炒，美食成了一门以味觉欣赏为主体的艺术，美食给人们带来审美愉悦和物质享受，美食是人们分享生活快乐的共同爱好。

　　美食要好吃，美文要好看，美食美文整不好味同嚼蜡，作者力图让这本书好"吃"、好看，是否有味道，只有请读者来评说。

　　本书付梓，首先要感谢云南省政协常委、云南省餐饮与美食行业协会会长杨艾军先生的鼎力支持和提供的平台；其次要感谢毛加伟、杨晓东、杨丽晖、沈问金、周学智、孙新闳、胡瑞中、任亚伟、郑愿辉、杨光福等会长朋友，他们或亲自驾车陪我采访，或提供素材，或推荐企业，使我方便地完成了采访拍摄；还要感谢曲靖市、保山市、丽江市、红河州、西双版纳州、楚雄州、大理州、德宏州等部分州（市）餐饮行业协会，石屏县、易门县餐饮行业协会，以及昆明拓东酱油、昆明七甸卤腐、昆明吉庆祥、曲靖、保山的部分餐饮企业的支持，在此一并表示诚挚的谢意。

　　需要说明的是，由于省级以下各级政府批准公布的"非遗"项目难以查证核实，因而会有遗漏；"酒、茶"虽与饮食密不可分，但它们属另一个行业，故本书也未收入；另外，因时间关系，有部分"非遗"项目未能到实地采访，只能改编、采用了部分网络资料，如有不实或不完整之处，敬请谅解。

　　餐饮是个古老行业，我只是一名新兵，阅历不深，知识有限，本书错误、疏漏在所难免，敬请专家学者不吝赐教，作者这厢有礼了。

2018 年 5 月于昆明寓所

附：未收入的部分饮食类"非遗"项目

曲靖市　市级

曲靖黄焖洋芋鸡烹饪技艺

曲靖韭菜花制作技艺

沾益白水酸菜传统技艺

马龙蓸头传统制作手工技艺

罗平五彩花饭制作技艺

复方薏仁汤制作技艺

富源大河乌猪火腿腌制技艺

富源魔芋制作技艺

富源酸菜制作技艺

曲靖泡椒鸡烹饪技艺　　　（麒麟区级）

红河州（区县级）

绿春县哈尼族"长街古宴"

河口县瑶族长桌宴

元阳县小新街腊猪脚

元阳县哈尼豆豉